国家自然科学基金资助（项目编号：11101034）

布朗运动的启示

杨 静 龙正武◎著

The Thought Caused by Brownian Motion

科 学 出 版 社
北 京

图书在版编目 CIP 数据

布朗运动的启示 / 杨静，龙正武著．—北京：科学出版社，2015.4
ISBN 978-7-03-043480-7

Ⅰ.①布… Ⅱ.①杨… ②龙… Ⅲ.①布朗运动-研究 Ⅳ.①O552.1

中国版本图书馆 CIP 数据核字（2015）第 038217 号

责任编辑：邹　聪　张茂发/ 责任校对：胡小洁
责任印制：李　彤 / 封面设计：无极书装
编辑部电话：010-64035853
E-mail：houjunlin@mail. sciencep. com

科学出版社 出版
北京东黄城根北街 16 号
邮政编码：100717
http://www.sciencep.com

北京九州迅驰传媒文化有限公司 印刷
科学出版社发行　各地新华书店经销
*
2015 年 4 月第　一　版　　开本：720×1000　1/16
2022 年 1 月第七次印刷　　印张：9
字数：182 000

定价：58.00 元

（如有印装质量问题，我社负责调换）

前　言

随机过程理论是现代数学的一个重要分支。它有着丰富的数学理论，与其他数学学科有深入的相互渗透。同时，它与自然科学、技术科学、管理科学、经济科学及人文科学有广泛的交叉①。概率论的一个主流方向——随机分析学，自从20世纪70年代以来发展非常迅速，成为数学等学科的重要的研究手段和工具。而作为一种特殊的随机过程，布朗运动在随机分析学乃至整个随机过程理论中处于一个中心地位，它也是随机分析学和随机过程理论的生长点。之所以这样说，是因为随机分析学研究的最初动机就是通过布朗运动直接构造出扩散过程，随机分析学的创始人就是通过定义布朗运动的随机积分，进而发展出一套理论。另外，人们在研究随机过程理论时，可以定性地讨论一般随机过程的性质，但很难取得定量的结果。布朗运动则不然，人们可以根据布朗运动特殊的性质定量地计算出许多结果。同时，由于布朗运动既是马尔可夫过程，又是鞅、正态过程、莱维过程与独立增量过程，人们自然想到，关于布朗运动的结果对这些过程是否也正确呢？这样，布朗运动便成为研究一般过程的先导，成为方法和猜想的灵感源泉②。

布朗运动不仅自身有着丰富的理论结果，促进了其他概率分支的发展，还影响了其他学科的发展，如古典分析、位势论等，从而使这些学科获得了许多新结果或新意义。另外，布朗运动也有着广泛的应用领域，它被应用到统计物理、生物、经济、通信及管理等许多方面。

一门学科能够长期兴盛不衰，取决于两个重要因素：一是它本身有丰富的理论内涵，并能影响学科的发展；二是它对现实世界确有应用。布朗运动的数学理论就是一个典型。

另外，布朗运动还是一个典型的案例。一方面，它体现了数学从实际中汲取营养而发展，另一方面，体现了数学理论反过来推动它所应用的学科的巨大威力。

在科学上有如此重要价值的布朗运动，其诞生却来自一个不起眼的生物

---

①严士健．概率论，统计物理及其他//严士健．典型群·随机过程·数学教育．北京：北京师范大学出版社，2005：160.

②王梓坤．布朗运动的若干结果//王梓坤．随机过程与今日数学．北京：北京师范大学出版社，2005：267-268.

观察。在19世纪20年代，英国植物学家布朗（Robert Brown，1773～1858）在用显微镜进行观察时发现，悬浮在水中的花粉在做不规则的运动。虽然布朗不是第一个观察到这个现象的人，但是他是第一个对此现象进行科学研究的人，因此人们把这类现象称为布朗运动。布朗最初认为这是生命物质所特有的现象，但是大量而长期的观察改变了布朗的想法，因为他发现无机物的微粒也有相同的现象。这样，布朗运动就从生物学问题变成了物理学问题。

通过大量而细致的实验，布朗知道了哪些因素不能引起颗粒的运动，但是当时没有一个令人信服的理论能说明运动的原因。物理学家尝试给出各种原因来解释微粒运动的原因。其中有一种解释是，悬浮在液体中的布朗微粒受到以不同速度运动的液体分子的撞击，因此微粒表面受到的作用力大小不同。有时，这些作用力在粒子表面均匀分布，从而相互抵消，因此微粒受力平衡。如果这些作用力没有相互抵消，那么某一方向的力就超过另一方向的力，从而水中微粒就从一个位置“跳到”另一个位置。微粒表面受到的力强一些的位置是随机变化的，因此微粒的运动也是随机的，有时可能先向一个方向移动，然后向另一个方向移动，或者可能连续几次都往大体一样的方向移动。但是，只解释布朗运动的原因并不能让科学家定量地预测粒子的运动。

对布朗运动的定量解释是由两位科学家几乎同时独立做出的，一位是物理学家爱因斯坦（Albert Einstein，1879～1955），1905年他发表了相关论文；另一个是波兰物理学家斯莫鲁切夫斯基（Marian Smoluchowski，1872～1917），他于1906年发表相关论文。实质上他们给出了布朗运动的转移密度函数。不过，这时的布朗运动仍然停留在物理模型的意义上，真正的数学理论是由美国数学家维纳（Norbert Wiener，1894～1964）给出的。维纳从20世纪20年代开始进行了一系列工作来建立布朗运动的严格的数学理论，1923年的论文《微分空间》是布朗运动历史上一篇里程碑式的文章。从此，布朗运动变成了一个有严格数学基础的数学对象。随着数学家的不断努力，布朗运动不仅自身产生了丰富的理论成果，还为其他数学分支、学科的发展做出了重要贡献。

布朗运动不是一个孤立的问题，它还在经济学领域出现过。1900年，法国的数学家巴切利尔（L. Bachelier，1870～1946）的博士论文《投机理论》发表，论文中用布朗运动的模型研究了股票价格的波动，并且给出了许多随机过程理论的重要结果。巴切利尔的工作对科尔莫戈罗夫（A. N. Kolmogorov，1903～1987）的概率论工作产生了影响，并且对经济学的发展也有重要意义。

那么布朗运动是如何从一个生物学问题变成物理学问题，继而抽象为一个数学问题、后来变成随机过程理论和随机分析学的中心和基础的呢?

关于布朗运动的历史有很多研究，以文章居多。文章介绍的历史主要集中在维纳以前的时期，尤其以科学史权威期刊《精密科学史档案》（*Archive for History of Exact Sciences*）上的《随机过程史》一文最为详尽。虽然作者说，之后还会进一步研究布朗运动的历史，将有一系列的相关文章出现，然而不知道是什么原因，我们一直没有发现那位作者所说的后继文章。而从数学上介绍布朗运动的专著则大多略微提及布朗、爱因斯坦的工作后便直奔布朗运动的专业内容，很少研究爱因斯坦、佩兰等物理学家的工作对维纳研究布朗运动有什么启发。例如，飞田武幸的《布朗运动论》研究的是布朗运动引起的分析学成果。而在物理学史的书中，虽然几乎必然出现布朗运动这一主题，但主要是从物理角度进行的介绍，基本不涉及数学层面的内容。另外，巴切利尔的贡献则大多被经济学家所理解，不论数学史研究还是物理学史研究则少谈甚至不谈其工作，即使谈及，也仅以至多一段话的篇幅。总之，研究作为数学意义上的布朗运动的历史寥寥无几，因此本书尝试勾勒出布朗运动的完整的历史发展脉络，挖掘其思想继承关系。

本书通过收集、研读原始文献，对布朗运动的历史作了系统的研究，探讨了历史上研究过布朗运动的科学家之间的思想继承关系，并详细介绍巴切利尔的相关工作及影响。第 1 章分析植物学家布朗研究布朗运动的动机及具体工作，体现布朗运动如何从植物学的研究对象转变成一个物理问题。第 2 章总结当时人们所给出的对于布朗运动的各种物理解释。第 3 章主要介绍物理学家爱因斯坦和斯莫鲁切夫斯基的相关工作，指出爱因斯坦的工作对原子论的实质性的意义，同时表明爱因斯坦、佩兰等工作对数学意义上的布朗运动研究的影响。以往关于物理学家的布朗运动工作的内容中，往往较少关注斯莫鲁切夫斯基的工作，该章则给予比较详细的介绍。第 4 章重点阐述巴切利尔的论文中出现的随机过程的相关理论和思想及科学影响。第 5 章重点讨论维纳是在什么样的情况下去研究及为什么要研究布朗运动，不仅介绍 1923 年的著名论文，还介绍前后的相关工作。该章还讨论概率论的整体发展，重点分析概率论公理化的实现过程。第 6 章阐述布朗运动与处处不可微、级数、素数、多项式的关系与相互影响。第 7 章介绍布朗运动与几个重要随机过程的关系，探讨布朗运动的研究对随机过程理论、随机分析学的影响。第 8 章总结概率论发展的主要因素，并介绍这一分支在中国的最初传播。

本书从前期框架构成到后期行文，都得到了中国科学院数学与系统科学研究院李文林研究员的耐心指导和宝贵建议。在此表达作者最诚挚的谢意和感激。

许多可敬可亲的师长、同学、朋友也给予作者大力的帮助。河北师范大学的邓明立教授，西北大学的姚远编审、曲安京教授、袁敏博士，清华大学的冯立昇教授，内蒙古师范大学的郭世荣教授，首都师范大学的白欣博士，北京印刷学院的潘丽云博士，咸阳师范学院的唐泉博士，《科学》杂志社的田廷彦编辑，中国科学院上海有机化学研究所的陈敏伯研究员等都对本书的完成提供了多方面的帮助、中肯的建议及热情的鼓励，请接受作者最衷心的感谢。

感谢科学出版社的邹聪和张茂发编辑，他们为本书的顺利出版付出了辛勤的劳动。

最后感谢作者的家人，没有他们的默默支持，本书是不可能付梓的。

本书的出版得到了国家自然科学基金的资助（项目编号：11101034），特此感谢。由于布朗运动的研究涉及植物学、化学、物理、金融、数学、信息等多个领域，限于作者水平，本书在具体内容上必存在不少不足与错误，恳请专家和读者批评补正。

作　者

2014年11月16日

目　录

第1章　植物学家的发现

1827年，英国植物学家布朗在观察液体中某种植物的花粉颗粒时，发现颗粒在不停地做无规则运动。作为敏感的观察家，他没有轻易地放过这个偶然看到的现象。相反地，他做了大量的实验来寻求颗粒运动的原因。在布朗之前，已经有人报告了这种现象。但是，布朗是第一个系统而深入地研究这一现象的人，因此这种现象被称为“布朗运动”(图1.1)。

图1.1　平面布朗运动示意图

1.1　布　　朗

布朗，英国著名植物学家，1773年12月21日生于苏格兰的蒙特罗斯，从小就对植物有着浓厚的兴趣。1795年，年轻的布朗参加了法夫郡国防兵团(Fifeshire Regiment of Fencibles)，他的一半时间用来为部队工作，一半时间进行自修。根据布朗写于1800年1月13日的日记中的一段话，我们可以看出来他是如何度过部队生活的：

早餐时，看德语名词词性的语法规则。早餐后，誊写斯隆①写的牙买加的蕨类植物方面的笔记。下午从一点到三点在医院大约接待三十个门诊患者。和阿伯丁的国防兵托尔（Thor）先生吃晚饭，并和他一直呆到十一点半。大约喝一品脱波尔多葡萄酒。谈论各种话题……大约十二点的时候，抄写完斯隆先生的蕨类植物的笔记。

这样的记录日复一日，“早餐时学习德语语法中名词的词形变化规则”“早餐的时候记忆德语数字规则”“早餐后……”②。

---

①斯隆（Hans Sloane，1660～1753)，英国著名的医师、科学家和收藏家。1687年曾来到牙买加，其间对当地的植物、当地居民的风俗、自然现象，如地震，做了广泛的记录，并收集了大量牙买加的植物。

②Gillispie C C. Dictionary of Scientific Biography. New York：Charles Scribner’s Sons，1973.

年轻的布朗把大部分时间放在学习德语、苔藓和蕨类植物的结构、医学书、在显微镜下观察血液上。从这些日记看不出布朗今后的科学研究方向，只显示出他对许多知识抱有的好奇心，以及决心详细地掌握一门学科的恒心，这些特点最终使他脱颖而出。

1798 年，布朗在一次征兵任务中来到伦敦。当时从葡萄牙逃亡出来的塞拉（Jose Correa da Serra）把布朗介绍给了班克斯爵士（Sir Joseph Banks，1743～1820）①，班克斯的家中有丰富的藏书和植物标本。班克斯具有发现天才的慧眼，他注意到了布朗，对他在业余时间的植物学活动非常感兴趣。显然，布朗的热情和能力给人留下了印象。因此，在 1800 年 12 月当海军部考察澳大利亚的南部和北部海岸的计划成熟时，班克斯推荐布朗作为船上的博物学家。这对布朗来说，是全职发展个人爱好的机会。班克斯的意见对海军部很有影响力，因此布朗获得了这个职位，薪水是 420 英镑，当时来说是非常高的数额。布朗立即接受了这份有吸引力的职位。他来到伦敦后，一直学习班克斯家里藏有的关于澳大利亚植物的标本、图示和著作，直到 1801 年 7 月18 日乘船——“调查者号”开始航行。1801～1805 年，布朗和船上的其他人员收集了大量的大洋洲植物标本。1805 年布朗返回伦敦，将他收集的近 3900 种标本进行分类，整理后写入《澳洲植物志》一书中，对植物分类学作出了重要贡献。② 布朗因其优秀的品质和杰出的科学成就，被许多科学院授予外籍会员资格。1858 年 6 月 10 日，布朗病逝于伦敦。③

虽然布朗的工作和别的植物学家一样，主要研究的是植物分类，但是他的工作还包括许多形态学、胚胎学和植物地理学方面的深刻观察。他最著名的科学成就主要包括三项：①他首次发现植物细胞中心有小核，1831 年把它称为“细胞核”，这个名字一直沿用到现在；②他创建了植物现代分类法，他证明了在松柏科等类似植物的胚珠附近没有子房，因而发现了裸子植物和被子植物之间的根本差别，他对处于成长期和成熟期的各种植物的花和种子的结构进行了极其精细和重要的研究，这项工作使植物分类细化到科和属；③他是第一个研究悬浮在液体中的微小颗粒的不规则的连续运动的人（现在称为“布朗运动”），我们将在 1.2 节介绍他在这方面的贡献。

布朗对同代人的影响深远，得益于他的远见卓识，英国博物馆的植物部

---

①英国植物学家，以其随詹姆斯·库克作环球航行而闻名（1768～1771），旅行中他发现了许多种植物和动物并将其归类。

②Brush S G. A history of random process. Archive for history of exact sciences，1968，5：1-36.

③Gillispie C C. Dictionary of Scientific Biography. New York：Charles Scribner's Sons，1973.

门才得以形成，从而为公众提供全国性的植物收藏，并发展为国际上重要的植物分类学研究中心。布朗在世的时候就获得了“最伟大的植物学家之一”的赞誉。

1.2　布朗运动

凡是介绍布朗运动历史的文章或书籍几乎都要提到布朗在 1828 年发表的一篇文章，题目是“简要介绍 1827 年 6，7，8 月间用显微镜观察植物花粉中的微粒及观察有机物和无机物中普遍存在的活跃分子”（*A brief account of microscopical observations made in the months of June, July and August*, 1827, *on the particles contained in the pollen of plants; and on the general existence of active molecules in organic and inorganic bodies*）。这是他在 1828 年私人印刷的小册子，之后被刊登在 1828 年的爱丁堡科学杂志（*The Edinburgh Journal of Science*）上。布朗最初只打算私下交流自己的研究结果，所以他没有写成向科学期刊投递论文的格式。虽然布朗文章的非正式风格使人们有幸看到他是如何进行科学研究的，但是他的初步猜想后来却使人们对他关于运动原因的观点产生了误解。

通过布朗的生平，我们知道，他去澳大利亚的探险经历使他在植物分类方面做出了重要贡献，那么又是什么促使他研究微粒运动的呢？布朗给出了简短的理由，下面来介绍布朗那篇著名的论文。

布朗首先介绍了自己所用的显微镜的情况，他说，为了使观测保持一致，所有的观测都是用同一个简单的显微镜，有两个相同的透镜，焦距大约为 1/32in（1in＝2.45cm）。接着说明了促使他研究花粉运动的原因：“对未受精植物的胚珠的观测结果发表于 1826 年，这引导我比以前更精密地注意花粉的结构，并研究显花植物的花粉在雌蕊上的运动模式。”因此，布朗观察的目的是为了研究植物的受精过程，他计划继续自己在有花植物的受精机制方面的工作。在研究了卵细胞后，自然注意到花粉的结构及它与雌蕊的相互关系。1827 年 6 月他首先注意到的是克拉花属（Clarkia，布朗在文中拼作 Clarckia①）植物雄蕊花粉中的微粒，并用显微镜观察它们在水中的行为。由于这种花粉微粒是非球形不规则状，容易跟踪它们向着雌蕊行进的方式。他尤其仔细地观察了花粉粒的结构。这些花粉粒并不是取自开着的或裂开的花药，而是从完全形成

①Ford B J. Brownian movement in Clarkia pollen. The Microscope，1992，40：235-241.

但没有裂开的花粉囊中取出的。

为了更好地理解布朗所说的原因，有必要了解一下当时植物学家的研究状况。

17 世纪，随着显微镜和显微技术的出现，诞生了植物解剖学。其中英国植物学家格鲁（N. Grew，1641～1712）利用显微镜研究植物的构造，在显微镜下发现植物叶面有气孔，它们可使植物体内的水分蒸发并吸入空气。他发现植物的组织是由多孔的小胞（即细胞）所组成，但他经常描述的只是小胞的壁。他认识到花是植物的生殖器官，可区分为萼、花冠、雄蕊与雌蕊，并指出雌蕊、雄蕊和花粉分别相当于雌性器官和雄性器官，而且植物一般是雌雄同体的。他的著作《植物解剖学》（1682）由 M. 马尔皮基译成拉丁文，流传了 100 多年后才有人作了一些重要补充。1691 年，德国植物学家卡梅拉里乌斯发现雌性桑树及移植的一年生山靛（Mercu-rialis annua）在附近没有雄树情况下不能产生种子。1694 年他根据详细观察和移去雄花实验，证明花药是植物的雄性器官，子房与花柱是雌性器官。德国植物学家克尔罗伊特于 1761～1766 年认识到昆虫对传粉的重要作用，他用实验证明当用同种花粉与异种花粉同时向一种植物的柱头传粉时，一般只有前者能起受精作用。因此，当时的植物学家关注点之一就是花粉如何运动引起植物受精。

在了解了别人的工作后，布朗发现有些地方与自己所掌握的情况不大一样，这使得布朗开始怀疑 60 多年前一些人所做观测的正确性，以及目前关于花粉在受精过程中的运动方式的论述。于是，他决心自己进行实验观察。

布朗的研究开始于 1827 年 6 月，最先观察的植物是克拉花属植物，花粉取自完全成熟的花药，但是在花药的花粉囊破裂之前。花粉粒子长为 1/4000～1/5000in，它们的形状介于圆柱体和椭圆体之间。布朗发现包含在花粉粒中的粒子形状清晰可辨，而且形状不是球形的，而是椭圆形的，他相信以后能碰见在其他方面更利于研究的植物。由于这些粒子形状的独特性，可以在整个过程中跟踪它们。因此这一问题可能决定了它们是否最终到达胚珠的顶点，或者它们的直接运动是否受到雌性器官的其他部分的限制。把这种花粉浸入水中，布朗用显微镜观察到花粉的运动：

“许多微粒有明显的运动；它们的运动不但是在液体中的位置发生变化，明显地改变了相互间的相对位置，而且粒子的形状经常改变。在粒子的中间部分有一边会经常收缩或弯曲，并伴有另一面相应的隆起或凸起。有时候可以发现，粒子绕长轴旋转。反复地观察这些运动后可以说，产生运动的原因不是液体的流动，也不是缓慢地蒸发，而是粒子本身。”①

布朗的观察非常细致，然而他却因粒子形状的变化，误认为运动是由粒子本身引起的。出于植物学家的本能，他考虑会不会是有机物的某种活力在起作用。于是布朗扩大了观测范围，观察了各科植物的众多种类，并且在所有新鲜的花粉粒中发现了这种运动。对布朗来说，很容易假设这就是生命的本质，正如在他之前的其他人一样。布朗的伟大贡献是他没有如此轻易地被说服。在看到活的植物中的现象后，他问道，这一现象是否在死亡的植物中依然存在。于是，他思考这一性质是否在花粉死后仍然继续，以及运动延续多长时间。

经过观测，布朗发现不论是干的、还是浸在酒精中几天的植物，它们的花粉粒运动的程度和活着的花粉粒一样明显。他写道，在酒精溶液中保存了大约11个月的花粉粒中也能看到同样的现象。随后在他观察的植物标本中，有的被烘干保存在植物标本箱中20多年，有的则不少于100年，在所有情况下，布朗都观察到了粒子明显的运动。他不禁感叹，植物死后这些分子保留生命力之长出乎意料。

布朗读过以前看到这种现象的学者的描述，注意到他们倾向于把这一现象和有机物质联系起来(猜想它和生命机制有关)。

由于一次偶然的机会，布朗发现，把木贼的胚珠或种子捣碎，就能极大地增加运动粒子的数量。布朗还发现，首先把苔藓的花叶捣碎，然后是其他所有部分，都能容易地得到相似的粒子，运动也相同。这样，他就放弃了运动是植物的雄性细胞所特有的想法。此时他记录了自己关于运动原因的首次猜想：“思考现在我已经熟悉的全部事实，我认为……微小的球形粒子或显然一样大小的分子……实际上是假设的有机体的组成或基本分子，这最初由蒲丰和尼达姆提出……最近则是爱德华兹（Milne Edwards）博士，他复兴了这一学说……因而，现在我期望在所有有机体中发现这些分子：主要通过检查各种动物和植物的组织，不论是活的还是死的，通常都能发现分子的存在……”仅仅靠把这些物质捣碎放入水中，布朗都能发现足够数量的分子，它们的大小、形状、运动和花粉粒中的较小粒子一样。

布朗还观察了各种有机体的生成物，如树脂，甚至把研究推广到煤炭，

①Brown R. A brief account of microscopical observations made in the months of June, July and August, 1827, on the particles contained in the pollen of plants; and on the general existence of active molecules in organic and inorganic bodies//Brown R, Bennett J. The Miscellaneous Botanical Works of Robert Brown. London: Hardwicke, 1866: 465-479.

他在所有这些物质中都发现了大量分子。而且在捣碎的几个矿化的植物残骸中，也能观察到粒子的运动。因此布朗推理认为，分子并不限于有机体，也不限于有机体的生成物①。

因此，布朗开始怀疑活动的分子也可以从无机物得到。于是，他观察了粉状的沥青煤和玻璃，以及各种被分割成微小状态的岩石和金属，甚至观察了狮身人面像的碾碎的碎片。最后，布朗得出结论，只要粉末足够小以致能悬浮在水中，这种活跃的粒子就能出现在每种矿物中。生命的力量显然可以排除在外了。

在这里需要指出的是，在布朗的时代，“分子”一词不同于我们现在所理解的含义。对于19世纪早期的生物学家而言，这个词的含义主要受到法国博物学家、数学家蒲丰（Comte de Buffon，1707～1788）理论的影响。蒲丰认为，所有的植物和动物都来自一定数量的“有机分子”，这些分子就像可互相交换的部件，它们能形成某一特定的有机体只是受“内部模式”的指引②。蒲丰的思想似乎得到18世纪的英国显微镜学家尼达姆（John Needham，1713～1781）、意大利生物学家斯帕兰札尼（Lazzaro Spallanzani，1729～1799）等的支持。虽然这些自然学家不一定就支持蒲丰或彼此支持关于有机体的繁衍及构成的观点，但是他们确实记载了他们在有机物质中看到这样一种微粒，它们放置在液体中时似乎不受外力影响就运动起来。有机分子理论后来被细胞理论所淘汰，但是在19世纪20年代它仍然受到一些生物学家的捍卫。当布朗进行了这些观测后，他说对这些分子，自己不打算给任何猜想，只是他认为这些分子似乎在无机物和有机物中广泛存在。总之，布朗观察到漂浮在水中的每个足够小的微粒以本质上相同的方式运动：①微粒向一个方向运动的可能性等于向另一个方向运动的可能性；②未来的运动不受过去运动的影响；③运动从不停止。

关于布朗的工作出现了很多争论，其中最重要的争论是：布朗能否通过他的显微镜看到这一现象？可能是其他情况吗？如类似现代科学所说的“伪布朗运动”。于是，1992年英国科学家福特（Brian J. Ford）决定重新进行布朗的实验。福特从林奈学会（Linnaean Society）借来布朗所用的显微镜

---

①Brown R. A brief account of microscopical observations made in the months of June, July and August, 1827, on the particles contained in the pollen of plants; and on the general existence of active molecules in organic and inorganic bodies// Brown R, Bennett J. The Miscellaneous Botanical Works of Robert Brown. London: Hardwicke, 1866: 465-479.

②Brush S G. A history of random process. Archive for History of Exact Sciences, 1968, 5: 1-36.

（1849～1853 年布朗是林奈学会的主席），然后等到 6 月份——布朗进行最初实验的月份。他从英国剑桥大学的植物园中的克拉花的花粉囊中取出花粉，然后使花粉均匀分散在水中，调整显微镜观测。和布朗以前一样，福特能看到花粉粒中粒子的无规则运动。和布朗不一样的是，他能够录下通过显微镜看到的景象①。最后福特得出结论，布朗确实看到了布朗运动的现象。

1.3 反　　响

布朗的报告引起了人们的广泛注意，几位科学家也报告了类似的观测。但是人们几乎都在批评布朗，至少在欧洲大陆是这样，因为人们认为他提出了这样的观点：分子是自发运动的。人们尝试了所能想到的各种物理解释：强光照射引起水的温度不相等、蒸发、气流、热流、毛细现象、由观测者手抖引起的晃动等。他们都把运动原因归结为观测条件。

1829 年 2 月 21 日，法拉第（Michael Faraday，1791～1867）在英国皇家学院作了关于布朗运动的报告，来捍卫布朗的学说。法拉第认为，布朗的实验是仔细实施的，这足以证明，目前提出的任何原因都不能解释布朗运动。事实上，布朗曾简单地承认自己不能解释运动的原因，但是由于使用了“分子”一词（法拉第仔细地区分了“分子”和“最终原子”），布朗使自己的论述很容易被人误解，“因为这很容易把它和一般的分子理论联系起来，所有的人认为布朗一定指的是这个意思……”②。

物理学家布鲁斯特（David Brewster，1781～1868）认为，物理原因很可能足以解释运动，即使一个完整的物理解释仍不可能解释清楚，他也认为不能把原因归于动物的生命。分子应该有自己的特征运动，这毫无惊奇之处：

“为什么最坚硬固体的分子不能有自己的轨道，不能有与行星、星云一样的引力中心和运动？这种运动的存在已经在矿物等物体中发现。受热熔化的一块糖，它的微粒排列没有任何规则，随着时间的变化，糖将逐渐改变特征，转变成规则的晶体……在这些变化中，分子一定围绕它们的轴转动，在固体内占据新的位置……在一个世纪过去之前，这种运动的规则将被发现，当分子世界放弃壁垒时，我们可以寻找人类力量对无机世界的控制的新拓广。”③

布鲁斯特是现代物理学家的先驱，他很早就相信，化学中的所有问题，

①Ford B J. Brownian movement in Clarkia pollen. The Microscope，1992，40：235-241.

②Brush S G. A history of random process. Archive for History of Exact Sciences，1968，5：1-36.

③Brush S G. A history of random process. Archive for History of Exact Sciences，1968，5：1-36.

甚至也许生物中的问题，可以“本质上”简化为适当的薛定谔方程的解。我们只需要建立一个足够大的计算机来解这个方程。同时，布鲁斯特对布朗运动的态度反映了19世纪大部分物理学家的心态：这一现象最终可以在未来的分子运动理论中找到解释，但是现在并不值得费神研究它。现在的自然哲学家们有更重要的问题要优先解决。

布朗为了回应一些人对他的批评，在第二篇文章“对活跃分子的补充评论”(*Additional remarks on active molecules*)中报告了进一步的实验①。

针对人们对自己文章的评论，首先布朗否认了分子是有生命的，承认一些读者可能误解了他，因为他“按照事实发生的顺序叙述，伴随的是在不同的研究阶段呈现自己的观点”。另外，他明确指出，他又重新进行了许多《简要介绍1827年6，7，8月间用显微镜观察植物花粉中的微粒及观察有机物和无机物中普遍存在的活跃分子》中提到的实验，“研究结果本质上符合已经出版的说明中提到的内容，这里将简要叙述如下。

固体的极微小粒子，不论来自有机物或无机物，当悬浮在纯净的水中或其他类似水的液体中时，都进行着我不能解释的运动，从它们的无规则性和表面的无关性来看，它们在很大程度上类似于在水中注入微生物后的微生物运动。……

以前我说过，粒子的这种运动既不是来自周围液体的流动，也和内部运动无关，可以假设这种内部运动伴随着液体蒸发。

然而，运动的这些原因，不论单一的或组合的，如粒子之间的引力和斥力，粒子在液体中的平衡，粒子的吸湿作用或毛细作用，有时是挥发性物质的分离，或小气泡的分离，一些人认为这些原因足以解释粒子运动这一现象。这里提到的一些尚未证实的原因及我认为没必要提到的原因，有经验的观察者不可能忽视它们，也不可能被它们欺骗。我认为，通过十分简单的实验就可以说明如上列举的主要理由的不充分性。”②

为了证实这一点，布朗把含有微粒的水和扁桃仁油混合。晃动之后，混合物中的水滴直径从1/50in到1/200in不等。水滴周围全是扁桃仁油，所以在相当一段时间内水不会蒸发。一些水滴只包含一个微粒，“但是，这样形成的水滴中，微粒的运动丝毫没有减弱，因此以前所给的粒子运动的主要原因，

---

①Brown R. Additional remarks on active molecules//Brown R, Bennett J. The Miscellaneous Botanical Works of Robert Brown. London: Hardwicke, 1866.

②Brown R. Additional remarks on active molecules//Brown R, Bennett J. The Miscellaneous Botanical Works of Robert Brown. London: Hardwicke, 1866.

即蒸发、粒子的相互引力和斥力，实际上都完全没有意义了”。

布朗知道，物理学家认为液体的蒸发多少和“内部运动”有关，但是他误解了这种联系。他认为，如果一些外部因素压制了蒸发，那么内部运动也将停止。布朗认为他已经靠这个实验把运动的另一原因也排除了，即相互吸引和排斥。

在这篇文章中，布朗还提到了列文虎克（Anton van Leeuwenhoek，1632～1723，荷兰博物学家）、格兰特（Stephen Grant）、尼达姆、斯帕兰札尼以前做的观测，但是他说，他们都犯过把“分子”运动和微生物运动弄混的错误。他还引用了格莱亨（Gleichen）、瑞伯格（Wriberg）、缪勒（ Müller）、德拉蒙（James Drummond，1784～1863，澳大利亚博物学家）等的论述来支持自己。

直到 19 世纪 70 年代，至少，显微镜方面的学者们已普遍关注布朗运动，而且显微镜方面的学者普遍都知道了布朗运动的告诫，以防观测者可能把布朗运动当成有生命的物体的运动及尝试在此基础上建立虚幻的理论。

布朗的功劳是，他明确了这种运动不仅是有生命的花粉，也是所有有机物和无机物的微小粒子悬浮在液体中时具有的性质。这样，他把这一主题从生物王国扩展到了物理领域。

第 2 章　物理模型的形成

布朗于 1828～1829 年发表的报告引起一阵兴奋之后，人们对布朗运动的兴趣消失了大约 30 年，1831～1857 年期间，几乎没有关于布朗运动的著述发表。然而，随着分子运动论的发展，逐渐出现了一种观点，认为布朗运动是由液体的内部运动引起的，或者更确切地说，不规则运动是由液体分子碰撞微粒引起的。

布朗的发现是一个新奇的现象，它的原因是什么？人们对此迷惑不解。在布朗之后，这一问题一再被提出，为此有许多学者进行过长期的研究。由于 19 世纪 50 年代热力学的发展和气体动力学的复兴，促使人们研究热和微观运动之间的关系。这必然成为 19 世纪末解释布朗运动的一个因素。在这样的历史背景下，主要出现了几种解释，主要涉及毛细作用、电流、蒸发与光的相互作用和电力等。

在 19 世纪 70 年代，人们通常的观点是，布朗运动多少和热有关。这主要是由于长期以来形成的一种观念：运动只和温度的变化有关。可以理解的是，来自液体外部的辐射的吸收可以引起液体内部的温度不平衡，因此引起液体流动，这将引起粒子的运动。1858 年，雷尼奥（Jules Regnauld，1820～1895）① 做了一些实验，这使他相信布朗运动是由于粒子吸收映在悬浮液上的光线的热所致；光线的热传播到周围的液体，这引起水的流动，从而使粒子移动。

1863 年威纳（Ludwig Christian Wiener，1826～1896）② 报告了他的实验，给出各种论据证明：布朗运动不是外部原因引起的，一定是液体内部运动引起的。然而，威纳的原子运动观念来自于克劳修斯和麦克斯韦之前的时期。他相信，物质不仅由实在的原子构成，还由虚原子构成，热是这两种原子的动能。他说，固体和液体之间的本质区别是在固体中分子的振动方向相反于虚原子的方向，而在液体中它们的方向都一样；熔化所需的热是反转这两种振动的相关方向所需的能量。威纳对布朗运动的解释与虚振动思想密切相关，他说红光的波长大约和最小分子团的直径相等，这些分子团在液体中

---

①巴黎的药剂学校（Ecole de Pharmacie）的物理教授，后来是药理学教授。

②德国卡尔斯鲁厄市的画法几何和测地学教授。

一起移动。[①] 1868 年，曼彻斯特的丹瑟（John Benjamin Dancer，1812～1887）[②] 也认为这个现象可能与热的吸收和辐射有关。

然而，在 1894 年巴赫（Meade Bache）批评了威纳的理论，他说："威纳先生的理论说，运动是由于光和热的红波作用。我通过做实验，发现事实反驳了这个理论：在光源或热源与微粒之间，用紫色玻璃或红色玻璃任意干扰，根本观察不到运动有丝毫的变化。"

还有一些研究者把布朗运动的原因归结为电引起的。英国的政治经济学家和科学方法方面的学者杰文斯（W. S. Jevons，1835～1882）分别在 1870 年、1878 年发表了两篇关于布朗运动的文章，他声称，布朗运动是电现象，与渗透现象有关，"因为如果液体能在给定方向上推动一个粒子，而且这个粒子固定，它就能从反向以相等的力推动液体"。然而，由于不知道荷兰化学家范霍夫（van' t Hoff，1852～1911）的渗透压理论[③]，杰文斯不能量化这个方法，或像爱因斯坦在 1905 年那样把它与扩散理论联系起来（见第 3 章）。杰文斯详细阐述了他的电解释，甚至给这种效应起了新名字——pedesis（[pi' di：sis]，布朗运动）。杰文斯提出，通过维持粒子悬浮，布朗运动在污水处理、地质过程中起重要作用，它包含在肥皂的去垢作用中。尽管杰文斯曾简要提过作为随机过程的布朗运动可以用概率论来研究，但是他没有向定量理论做出真正的进展。只有英国化学家拉姆齐（William Ramsay，1852～1916）采用了他的术语"pedesis"。

随着人们对气体分子行为的理解日益增加，一些物理学家开始用类似的方式思考液体中的分子。一些学者明确地把布朗运动归结为液体分子撞击微粒的结果，这些学者有卡蓬内尔（Ignace Carbonelle，1829～1889）、德尔索（Joseph Delsaulx，1828～1891）和梯瑞昂，还有内格利（Karl von Nägeli，1817～1891）。他们认为，这些粒子不断受到周围液体分子的碰撞。大粒子受到各个方向的分子碰撞，这些碰撞的效果可以相互抵消，因此，总体上大粒子看起来不运动。然而，直径小于某一尺寸的粒子因为受到的碰撞不那么多，因此效果并不能抵消。这时，某一方向的碰撞如果大一点，就会把粒子推向反方向。因此，他们解释说，由于在任意时间里、任意方向上的一连串这种事件，布朗运动就会发生。

---

①Brush S G. A history of random process. Archive for history of exact sciences，1968，5：1-36.

②在他那个时代是当地最重要的科学仪器制造者之一。

③渗透压力指的是：当半渗透膜两侧溶液的浓度不同时，水从低浓度的一侧渗过半透膜流向高浓度一侧时产生的压力。

植物学家内格利从真菌、细菌等通过空气传播的现象，认为这些微粒即使在静止的空气中也可以不沉。联系到物理学中气体分子以很高速度向各方向运动的结论，他推测在阳光下看到的飞舞的尘埃是气体分子从各方向撞击的结果。他说："这些微小尘埃就像弹性球一样被掷来掷去，结果如同分子本身一样能保持长久的悬浮。"

不过，内格利又放弃了这一可能达到正确解释的途径，他计算了单个气体分子和尘埃微粒发生弹性碰撞时微粒的速度，结果要比实际观察到的小许多数量级，于是他认为由于气体分子运动的无规则性，它们共同作用的结果不能使微粒达到观测速度值，而在液体中则由于介质和微粒的摩擦阻力和分子间的黏附力，分子运动的设想不能成为合适的解释。他首先用能量均分定理计算了液体分子的平均速度，然后用弹性碰撞理论得到了悬浮粒子的速度。他作出结论说，这样一种粒子，由于它的质量较大，其速度应小到接近于零。内格利的结论是，微粒运动的原因一定不是热分子运动，而是引力和斥力。

拉姆齐在内格利之后用了 3 年时间发表这方面的内容，但是他显然不知道内格利的文章，拉姆齐用了相似的证据反对如下说法：布朗运动是由于各个分子的影响。根据拉姆齐的估计，活跃的微粒的质量至少是水分子的 125×10^6 倍。如果分子不聚合成整体一起运动，那么它们将不可能移动一个比它们大这么多的物体。但是如果分子达成一致，这就有可能。1874～1880 年，卡蓬内尔、德耳索和梯瑞昂的工作解决了内格利遇到的难题。

法国物理学家古伊（L. G. Gouy，1854～1926）在 1888～1895 年对布朗运动进行了大量的实验观察。他的实验工作揭示了布朗运动的 7 个主要性质：①运动十分不规则，有平移和旋转，轨道似乎没有切线；②两个粒子似乎独立运动，甚至当它们相互之间的距离小于直径时也是如此；③粒子越小，运动越活跃；④粒子的构成和密度对运动没有影响；⑤液体的黏性越小，运动越活跃；⑥温度越高，运动越活跃；⑦运动从不停止①。

古伊对分子行为的描述并不比卡蓬内尔等高明，他也没有弄清涨落的原因。他的特别之处是，把布朗运动作为探究分子运动性质的一个工具。他说："布朗运动表明，并不是分子的运动，而是从分子运动导出的一些结果能向我们提供直接的和可见的证据，说明对热本质假设的正确性。"

1900 年，F. 埃克斯纳（Felix Maria Exner，1876～1930）进行了和他的父亲 S. 埃克斯纳（Sigmund Exner）30 年前作过的同类研究。他通过测定微

①Coffey W. Development and application of the theory of Brownian motion, dynamical processes in condensed matter. Advances in Chemical Physics，1967，63：69-97.

粒在 1 分钟内的位移，证实了微粒的速度随粒度增大而降低，随温度升高而增加。从而认识到微粒作为巨大分子加入了液体分子的热运动，由此就可以得出微粒的动能和温度之间的关系。他说："这种可见的运动及其测定值，对我们清楚地了解液体内部的运动会有进一步的价值。"

对于布朗运动的研究，1900 年是个重要的分界线。至此，布朗运动的适当的物理模型已经显示，剩下的问题就是怎样做出定量的理论描述了。

第3章 定量研究

20世纪初，人们对布朗运动已经从定性研究过渡到需要进行定量研究的阶段。要实现布朗运动的定量化，必须运用数学。“一门学科只有当它数学化之后，才能称得上是真正的科学。”定量化也是成为真正的数学理论的必需的环节。布朗运动研究从实验观察向数学理论的过渡，最初是由物理学家来进行的，他们把数学作为一种工具，来解决他们所关心的问题。本章就要论述这一饶有意义的过程。

3.1 爱因斯坦，1905

1900年，爱因斯坦从苏黎世联邦工业大学毕业后即失业，直至1902年才在瑞士专利局找到一份固定的工作。1905年，26岁的他完成了五篇论文，其中四篇于当年、另一篇于次年在德文《物理学年刊》上发表。这五篇论文分别是

(1) 分子大小的新测定；

(2) 热的分子运动论所要求的静止液体中悬浮小粒子的运动；

(3) 论动体的电动力学；

(4) 物体的惯性同它所含的能量有关吗；

(5) 关于光的产生和转化的一个试探性观点。

这五篇论文涉及从经典物理学向现代物理学转换的三个领域：(1) 和 (2) 致力于扩展与完善经典力学的方法，特别是其分子运动论的含义；(3) 和 (4) 致力于扩展与完善麦克斯韦理论，通过修正经典力学的基础来消除力学和电动力学之间的明显矛盾；(5) 揭示了经典力学和麦克斯韦理论在解释电磁辐射的性质与能力上的局限性，通过引入光量子假说发展了普朗克的量子论，并对诸如光电效应这一类奇异的现象进行解释①。

实际上，第二篇是利用扩散理论和热的分子运动论讨论布朗运动的，对于消除当时人们对原子物理实在性的怀疑，以及开启统计热力学与随机过程

①约翰·施塔赫尔．爱因斯坦奇迹年——改变物理学面貌的五篇论文．范岱年，许良英，译．上海：上海科技教育出版社，2001：10-14.

的普遍理论具有重要意义。这是第一次对布朗运动的定量研究。它也扩大了经典力学概念的应用范围。爱因斯坦指出，如果热的分子运动论是正确的，那么热力学定律不能普遍有效，因为当人们考察悬浮在液体中的足够大的在显微镜中可以观测的粒子运动时，涨落必然会引起对热力学第二定律微小的但又可察觉的违反。爱因斯坦指明，这种涨落解释了悬浮在液体中的微观粒子的著名的布朗运动。他把他的工作看成建立热力学的有效范围，在这个极限范围之内，完全可以有信心地应用热力学。

爱因斯坦在给一位密友的信中，总结了 1905 年的前四篇论文，其中在谈到关于布朗运动的论文时说："根据热的分子运动论的假说，证明悬浮于液体中的大小数量级为 1/1000 毫米的物体，必定进行一种由热运动引起的可观测的随机运动；实际上，生理学家已经观测到无生命的小悬浮体的运动，他们称这种运动为'布朗分子运动'……"①

爱因斯坦研究布朗运动的动机是什么呢？这和前面提到的原子假说有很大的关系。

自 19 世纪中叶以来，日益增多的物理学家和化学家接受了原子假说。假设物质由原子和分子组成提示了物理和化学现象间的许多关系，这些关系从纯宏观的观点看来是出乎意料的。根据各种测定分子大小的方法得出的值，经常能符合得很好。然而，进入 19 世纪 90 年代，以奥斯特瓦尔德为首的化学热力学的研究家们强烈反对原子论观点的呼声甚嚣尘上，在德国等国家产生了相当大的影响。他们主张，原子、分子只不过是无用的多余的假设，一切自然现象都可以作为能量的转换，唯有从热力学的观点出发才能论述。他们自称为"唯能论者"，表示他们认为"能"的概念是科学的最基本的本体论概念。其他人，诸如马赫（Ernst Mach），对感觉经验不能直接接近的东西——特别是原子的存在持敌对观点，马赫认为，单个原子或分子的任何效应不能直接观察到，因而原子-分子论是不可取的。但他承认原子论可能有启发和教学的功能。甚至在工作中明确使用原子假说的科学家之中，仅把原子论看成一种工作假说的人也很常见。

虽然在世纪之交，原子假说在金属的电子理论和立体化学这些新研究领域中证明了它的启发价值；但却有一些物理学家认为在热学领域，原子假说已经不会再有多少成果。爱因斯坦很可能在学生时代读马赫、奥斯特瓦尔德和玻尔兹曼的著作时就知道了关于热的分子论的争论。

---

①约翰·施塔赫尔．爱因斯坦奇迹年——改变物理学面貌的五篇论文．范岱年，许良英，译．上海：上海科技教育出版社，2001：2.

在他最早发表的独立研究的尝试性成果中，爱因斯坦认为物质和电的原子结构是理所当然的。他发展了分子力理论，据此他在可观察现象间建立了许多联系。如爱因斯坦后来对自己在这一阶段的工作所述，他的兴趣很快从分子力的细节转向探索这一事实："是什么最大限度地保证了具有确定的有限大小的原子的存在。"

接下来，我们就来看看"热的分子运动论所要求的静止液体中悬浮小粒子的运动"这篇文章。它由五节组成：①悬浮粒子产生的渗透压；②从热的分子运动论观点看渗透压；③悬浮小球的扩散理论；④液体中悬浮粒子的无序运动及其同扩散的关系；⑤关于悬浮粒子的平均位移的公式和测定原子实际大小的新方法。主要可分为三个部分①。

第一部分是推导用悬浮粒子半径、液体的黏性和温度来表示扩散系数的表达式。新推导法利用了爱因斯坦发展的统计物理方法。首先，他从统计力学得出的悬浮液自由能的表达式推导了范霍夫的渗透压定律的有效性。其次，爱因斯坦不是径直考虑作用在单个分子上的力的平衡，而是通过热力学论证导出渗透压同满足斯托克斯定律的摩擦力之间的平衡。

在第一节中，爱因斯坦考虑了范霍夫的渗透压理论能否适用于液体中的悬浮体。他说，"按照经典热力学理论——至少在忽略重力（它在这里对我们是无关紧要的）时——我们不应该指望会有任何压力作用在间壁上……""但是从热的分子运动论的观点出发，人们却得到了一个不同的解释。按照这一理论，一个被溶解的分子只在大小上不同于悬浮体，而难以理解的是为什么悬浮体竟然不能像同等数量的被溶解分子那样产生同样的渗透压。我们不得不假定：由于液体的分子运动，悬浮体在液体中进行着一种不规则的，尽管是很缓慢的运动……"。

由此看出，爱因斯坦认为，显微镜下可见的悬浮微粒应该对半渗透膜有渗透压，就像溶质的分子一样。事实上，倘若可以忽略粒子间的相互作用，压力就是相同空间中有相同个原子构成的理想气体所施加的力。为了证明这个推断正确，爱因斯坦借助自己的统计力学公式进行了少量计算。显然，微粒不能在容器的两个壁间弹来弹去，不能在基本动力学推导中像气体分子那样以直线前进。关键是，这些粒子和液体分子处于统计热平衡，这就确定了它们的平均压力和能量。因此，爱因斯坦在渗透压中利用了理想气体方程

$$p=\frac{RT}{V^{*}}\cdot\frac{n}{N}=\frac{RT}{N}v \tag{3.1}$$

①爱因斯坦．爱因斯坦文集．第2卷．范岱年，等译．北京：商务印书馆，1977：72-83.

其中 R 是［气体］常数，T 是绝对（Kelvin）温度，n 是体积 V^* 中悬浮粒子的个数（V^* 是体积 V 的一部分），N 是阿伏伽德罗常量，浓度是 $v=n/V^*$。

紧接着，爱因斯坦在第二节中证明了，从热的分子运动论可以推导出渗透压在悬浮体溶液中存在，并且按照这种理论，同等数目的溶质分子和悬浮体，在很稀淡的情况下，对渗透压来说，是完全一样的。

在第三节里，我们可以看出，爱因斯坦描述布朗运动的基础是悬浮微粒在液体中“扩散”的方式是在浓度差引起的渗透力①与满足斯托克斯定律的摩擦力通常保持动力平衡。

爱因斯坦推导出了两个方程，一个是渗透压与浓度差的关系

$$Kv = \frac{RT}{N}\frac{\partial v}{\partial x}\left(\text{或 } Kv = \frac{\partial p}{\partial x}\right) \tag{3.2}$$

另一个公式则是扩散速度与粒子在黏性介质中的速度的关系

$$\frac{Kv}{6\pi kP} = D\frac{\partial v}{\partial x} \tag{3.3}$$

把方程（3.2）与方程（3.3）结合起来，就得到了扩散系数

$$D = \frac{RT}{N}\frac{1}{6\pi kP} \tag{3.4}$$

其中，k 是液体的黏性系数，P 是悬浮小粒子的半径（假设粒子是球形的）。

第二步是推导扩散方程，这是以引入一个关于位移的概率分布为基础的。引入这样一个分布可能与爱因斯坦以前使用过概率分布有关。爱因斯坦假定存在一个时间间隔 τ，该间隔相对于观测时间是短暂的，而又足够长，从而两个相继时间间隔内悬浮粒子的运动可以理解为彼此独立的，这样，悬浮粒子的位移可以用一个概率分布来描述，这种分布决定了在每一时间间隔内位移某一距离（Δ 与 $\Delta+\mathrm{d}\Delta$ 之间）的粒子数目

$$\mathrm{d}n = n\phi(\Delta)\mathrm{d}\Delta \tag{3.5}$$

进一步，把每一单位体积的粒子数 v 看成是空间和时间的函数 $f(x,t)$。经过时间 τ 后，函数 f 的值可以用位移的分布函数 $\phi(\Delta)$ 计算

$$f(x,t+\tau)\mathrm{d}x = \mathrm{d}x\cdot\int_{\Delta=-\infty}^{\Delta=+\infty} f(x+\Delta,t)\phi(\Delta)\mathrm{d}\Delta$$

即对 Δ 的所有可能值，$f(x,t+\tau)$ 依赖 $f(x+\Delta,t)$ 的值，由 $\phi(\Delta)$ 加权。爱因斯坦从位移的概率分布算出粒子分布，通过粒子分布对时间的依赖性的分析导出了扩散方程

---

①渗透力倾向于把微粒从浓度高的地方推向浓度低的地方。

$$\frac{\partial f}{\partial t}=D\frac{\partial^2 f}{\partial x^2} \tag{3.6}$$

其中，令

$$\frac{1}{\tau}\int_{-\infty}^{+\infty}\frac{\Delta^2}{2}\phi(\Delta)\mathrm{d}\Delta=D \tag{3.7}$$

第三步是从求得的扩散方程的解，结合爱因斯坦在前面给的关于扩散系数的表达式，得到一个作为时间函数的均方位移 λ_z 的表达式。

在解方程（3.6）时，爱因斯坦利用了假设：粒子的运动都是相互独立的。因此不把 x 解释成粒子的真实的空间坐标，而说成它在时间 $t=0$ 从原点出发后移动的距离。那么方程（3.6）的解是

$$f(x,t)=\frac{n}{\sqrt{4\pi D}}\frac{\mathrm{e}^{-x^2/4Dt}}{\sqrt{t}} \tag{3.8}$$

其结论是，在一个任意时间 t 中所产生的位移的相对分布与偶然误差的相对分布一样。这样得到的 $f(x,t)$，事实上就是将布朗运动看成一个马尔可夫过程时的转移概率函数。然后由平均值定义，粒子在 x 轴方向上的均方位移是

$$\overline{x}^2=\frac{1}{n}\int_{-\infty}^{+\infty}f(x,t)x^2\mathrm{d}x=\frac{1}{\sqrt{4\pi Dt}}\int_{-\infty}^{+\infty}\mathrm{e}^{-\frac{x^2}{4Dt}}x^2\mathrm{d}x$$

$$=\frac{4Dt}{\sqrt{\pi}}\int_{-\infty}^{+\infty}\sqrt{y}\,\mathrm{e}^{-y}\mathrm{d}y=2Dt \text{ ①}$$

所以

$$\lambda_x=\sqrt{\overline{x}^2}=\sqrt{2Dt} \tag{3.9}$$

因此平均位移和时间的平方根成正比。

第二、三步全都在第四节中给出。

我们知道，爱因斯坦研究的目的是根据分子的运动来解释所观测到的物质的宏观热性质，也就是从物质的微观结构和微观运动来说明物质的宏观性质。这些微观假设的正确与否，最终还是需要实验的验证，因此他更侧重是否与现实符合，所以在文章最后还给出了阿伏伽德罗常量的测定公式

$$\lambda_x=\sqrt{t}\sqrt{\frac{RT}{N}\frac{1}{3\pi kP}} \tag{3.10}$$

即把前面发现的扩散常数的表达式（3.4）代入表达式（3.9）所得。

爱因斯坦所用的知识，他的同代人都知道，那为什么爱因斯坦成功了呢？

首先，他的出发点不同。在第 2 章中，我们谈到埃克斯纳研究布朗运动

①Frth R. Investigations on the theory of the Brownian movement. New York：Dover Publications，1956.

时，使用了热的分子运动论，其中假设液体分子和悬浮粒子间能量的均分。爱因斯坦得到了类似的结论，但他不强调能量均分定理，而代之以渗透压以及它与扩散理论以及热的分子运动论的关系作为分析布朗运动的出发点。此外，爱因斯坦指出，按照“经典热力学理论”，悬浮粒子——作为宏观客体——不应当在半渗透壁上施加渗透压。在爱因斯坦之前，似乎还没有人认识到这一对照提供了分子运动论的试金石。他选择悬浮液来研究热力学理论和热的原子论的关系等于是观点的根本逆转。通常对热力学结果的微观解释的合理性是有争论的。可是，在这个案例中，问题集中于一个热力学概念——渗透压，对悬浮粒子的适用性。[①]

其次，爱因斯坦确定的观测量不同。爱因斯坦曾说过：“……推动力的方向和大小（近似地）独立于粒子运动的最初方向和速度，所以我们可以肯定的是，粒子的速度和方向将在极短的时间 θ（$\theta=3.3\times10^{-7}$ s）产生巨大的改变，实际上，是以完全不规则的方式改变。因此，至少对极微小的粒子来说，不可能由观察探知速度的均方根。”[②] 另外，根据爱因斯坦的理论，时间 τ 内的平均速度与 $\sqrt{\tau}$ 成反比，即随着时间变短，它无限增长。因此，测量布朗运动粒子的“瞬时”速度的任何努力都是徒劳的。就因为这个原因，所有不知道动力学和等分定理的实验学家，都不能得出关于悬浮粒子平均速度的任何明确结论。他们只是测量错误的东西，直到爱因斯坦指出，只有位移均方与时间的比值才可能有理论意义。

最后，对布朗运动以前解释的研究表明，以下三个要素是爱因斯坦取得决定性进展的特征：①他以渗透压为基础，而不是以能量均分定理为基础进行分析；②他认定悬浮粒子的均方位移而不是它们的速度是适当的可观测量；③他同时把热的分子论和耗散的宏观理论应用于同一现象，而不是把这些概念工具的每一个限于单独一个的尺度——分子的尺度或宏观的尺度[③]。

如果从数学的角度看爱因斯坦的工作，那么可以总结成下述三条论断[④]：

（1）布朗粒子在两个不同时间段内的运动互相独立，因此无法由过去的运动预测未来的运动；

（2）布朗颗粒等可能地向任意方向运动，平均来看，它在一段时间内的

①约翰·施塔赫尔．爱因斯坦奇迹年——改变物理学面貌的五篇论文．范岱年，许良英，译．上海：上海科技教育出版社，2001：59.

②Brush S G. A history of random process. Archive for History of Exact Sciences，1968，5：1-36.

③约翰·施塔赫尔．爱因斯坦奇迹年——改变物理学面貌的五篇论文．范岱年，许良英，译．上海：上海科技教育出版社，2001：59-60.

④Tabak J. Probability and statistic：the science of uncertainty. New York：Facts on file，2004.

位移与时间的平方根成正比；

(3) 布朗粒子的运动轨迹是连续的。

我们在上面已经指出，爱因斯坦圆满地阐明了布朗运动的根源及规律性，他也为证实分子的真实性找到了一种方法。1908 年，法国物理学家佩兰(Jean Baptiste Perrin，1870～1942) 用实验测定了布朗粒子的平均质量和平均半径，并观测了布朗粒子在每隔 30 秒的位移平方的平均值，得出了与爱因斯坦的理论相一致的结果（这部分内容我们将在后面介绍）。这一工作充分验证了爱因斯坦理论的可靠性，为分子的真实存在提供了直观的、令人信服的证据，这对基础科学和哲学有着巨大的意义。就在佩兰的实验公布的那年，奥斯特瓦尔德主动宣称："原子假说已经成为一种基础巩固的科学理论。"从此，科学上关于原子和分子实在性的争论宣告结束①。

此外，爱因斯坦的工作特点对我们在认识论上的理解也有启发。纵观历史，对待同一事物，开始往往有不同的观点，有些甚至看来是矛盾的，怎样对待以前的理论学说呢？历史上有过两种解决办法：一种是调和、折中；另一种是历史的方法，就是把科学认识看成是一个发展的过程。从这样的观点来看，各种认识论都只描述了这个过程的一些阶段或环节，它们都具有一定的真理性，但从总体上看却都是片面的。爱因斯坦倡导的兼收并蓄的科学方法思想，正是后一种方法②。例如，他研究布朗运动的两块基石是斯托克斯流体动力学和范霍夫的渗透理论。前者假设液体是连续的介质，它附着在固体表面，因为固体与液体摩擦，由此产生黏滞性。后者则没有提到黏滞性。当时许多人认为这两个理论互相排斥，但是爱因斯坦把它们大胆的结合起来用于自己的研究。由此可见，正确的科学认识观对科学家是多么重要。

爱因斯坦对布朗运动的研究是热的分子运动论研究的悠久传统和他对本领域贡献的一个高峰。他工作的某些结果对 20 世纪物理学的发展具有巨大意义。他关于布朗运动的论文有助于把涨落现象的研究建立为一个新的物理学分支。他在研究过程中创立的方法为统计热力学及随机过程的普遍理论开辟了道路。

3.2 斯莫鲁切夫斯基，1906

在爱因斯坦第一篇关于布朗运动的论文（1905 年）发表后不久，同一期

①杨静，王丽霞．爱因斯坦与布朗运动的数学理论．西北大学学报，36 (2006)：169-172.

②解恩泽，徐本顺．世界数学家思想方法．济南：山东教育出版社，1991：1221.

刊上刊出了波兰物理学家斯莫鲁切夫斯基的论文《关于分子的布朗运动与悬浮的动力学理论》（*Zur Kinetischen Theorie der Brownschen Molekularbewegung und der Suspensionen*）。

斯莫鲁切夫斯基 1872 年生于维也纳郊区，比爱因斯坦大 6 岁，1900 年，年仅 28 岁的他就成为利沃夫大学的理论物理学助理教授。1901 年，获得格拉斯哥大学荣誉博士学位，1908 年荣获维也纳科学院颁发的海廷格奖（Haitinger Prize）。1913 年他到克拉科夫的雅盖洛大学担任哲学系的系主任。1917 年被选为格隆尼大学的校长，同年 9 月，因病去世。

虽然斯莫鲁切夫斯基的这篇文章比爱因斯坦的那篇文章晚了几个月才发表，但是他已经对这一现象思考了好几年。他之所以没有公之于众，是因为他想先从实验中对其进行证实。他的实验没有成功，但在爱因斯坦论文的激发下，他认为是时候公布自己的成果了，特别是他认为自己的方法比爱因斯坦的更直接、更简洁和更有说服力。斯莫鲁切夫斯基这样认为并不夸张。在今天，我们需要一些勇气才可以说某人的方法全面超越了爱因斯坦。但在 1906 年，爱因斯坦只是一名刚获得博士学位、默默无闻的小专利书记员，而斯莫鲁切夫斯基已经是利沃夫大学哲学系的系主任了①。

我们现在就来看看斯莫鲁切夫斯基的这篇文章。

文章一开头，斯莫鲁切夫斯基说道："植物学家布朗于 1827 年发现了悬浮在液体中的微粒运动现象的性质，这个有争议的问题最近由于爱因斯坦的两篇论文而被再次提起。这个结果同我几年前以完全不同的思路得到的结果完全一致，从那以后我也把这些结论当作是这种现象的动力学理论的有力论据。虽然到目前为止我还不能就这个观点像原先计划的那样做实验性的检验，但我已经决定现在将这个想法公布，因为我希望借助对这个观点的解释对这个有意思的课题起到促进作用，特别是我的方法看上去比爱因斯坦的那个更直观、更简单，或许还更有说服力。"② 这个断言当然只是个人爱好问题，但是很可能当时的物理学家和化学家更容易理解斯莫鲁切夫斯基的证明，他的基础是组合学及动力学的平均自由程的近似，而爱因斯坦的基础是统计力学及扩散方程。

接下来，斯莫鲁切夫斯基回顾了对理论有一些意义的实验结果，并证明

---

①乔治 G. 斯皮罗．定价未来：撼动华尔街的量化金融史．王彩虹，译．北京：机械工业出版社，2014：101-102.

②Smoluchowski M. Zur Kinetischen Theorie der Brownschen Molekularbewegung und der Suspensionen，Annalen der Physik，1906，21.

了他的理论假设的合理性。例如：微粒的直径 s 越小，其运动的速度越快。当直径 $s>0.004$mm 时运动是可以看见的，尤其是当微粒直径处于用显微镜可以观察到的临界值时，运动特别地活跃。他还列出了 F. 埃克斯纳给出的测量值（在 23°的水中测得）：

$s=0.00013$，0.00009，0.00004 cm，　$v=0.00027$，0.00033，0.00038 cm/s

关于对物质的影响，斯莫鲁切夫斯基指出，不同的观察者报告了自相矛盾的结果。例如，古伊说过，大小确定的微粒在速度上只显现出很微小的差别，不管它由什么样的物质组成，也不论它是固态、液态还是气态，杰文斯也持有类似的观点。但康托尼声称，化学性质也会对物质产生影响（如银应该比铁运动得迅速，铂比铅迅速，依此类推）。但是，公认地是，微粒运动在水中和流动性强的液体中最活跃，在黏稠液体中稍弱，而在浆状的液体如油、甘油、硫酸中则极弱。

斯莫鲁切夫斯基又列举了布朗运动的几个特征：①布朗运动现象是不随时间而变化的，斯莫鲁切夫斯基说，几乎所有的观察者都强调这个特点，只要微粒还漂浮在液体中，这种运动就会继续下去，只有当它们置于容器的底部和侧壁时候运动才会停止，并且以康托尼做的实验为例①；②布朗运动不依赖于外界的环境，“经证实各种试剂均是完全不受影响的。为了防止蒸发，人们喜欢透过玻璃板观察液体。或者将其放在温度稳定均衡的液体槽里，或者放置在不受振动的地方。人们可以长达一个星期之久将液体存放于黑暗中，整小时地加热煮沸它，人们可以阻断射入光线的热辐射，可以改变光线的颜色，还可以将其强度减弱到 1000∶1 的比例关系——所有这些均不会造成影响。”

“只有在接受剧烈的照明时状态会在一定程度上产生变化，随着时间的推移，液体温度逐渐升高，活动性也会随之增强。尤其是在极为黏稠的液体中，黏稠度会随着温度的升高而剧烈增加。F. 埃克斯纳测定出在水中运动速度由 20℃时的 $v=0.00032$cm/s，上升到 71℃时 $v=0.00051$cm/s。”②

针对“布朗运动不依赖外界环境的影响”这一点，斯莫鲁切夫斯基提到并批评了几个以前提出的对布朗运动的理论解释：

“……从（外部影响的独立性）中，立即可以得出，任何认为外部能量是

①康托尼观察过一个装在透明容器中的用石蜡封住的制剂，整整一年的时间，运动没有丝毫的减弱。

②乔治 G. 斯皮罗 . 定价未来：撼动华尔街的量化金融史 . 王彩虹，译 . 北京：机械工业出版社，2014：101-102.

运动来源的理论都是站不住脚的；尤其是任何假定由于温度不一样而引起的对流是运动原因，都是错的。后者解释的错误来自另一种简单考虑。运动应该在 4℃的水中完全停止，然而实际上它们在凝固点下仍继续运动，以几乎不变小的力量（Meade Bache）。把液体放在一个玻璃表面上，可是没有迹象表明有这种效果。……众所周知，这种对流出现在大容器内，但是大量微粒的这种集体运动完全不同于不规则的布朗运动。”

这里，斯莫鲁切夫斯基攻击了最著名的一个错误思想，它用分子动力学解释布朗运动：悬浮粒子旁的大量分子必须同时运动，才能产生出所观测到的运动。我们将看到，斯莫鲁切夫斯基证明不用武断地要求这种协同运动，而是应该要求相等的波动是分子随机运动的自然结果。

斯莫鲁切夫斯基继续说道：“也许人们发现，阳光直射全黑的球状粒子，其周围的最大温差是 $ca/k=$ （1/300）℃ [假设：辐射强度 $c=1/30$，半径 $a=10^{-4}$ cm，热传导系数 $k=10^{-3}$ （水）]。雷尼奥曾把粒子周围的对流解释为在粒子表面吸收辐射的结果，以前有一些评论认为这种观点不可能正确，而以上则和评论一致。”

类似地，斯莫鲁切夫斯基也反对分子间的斥力，分子混杂等各种解释。

在推翻了其他所有对布朗现象的解释之后，斯莫鲁切夫斯基转向了动力学。在这点上，应该指出的是，斯莫鲁切夫斯基曾在稀薄气体动力学方面做出重要研究，特别是，固体表面的温度不连续问题，他还发表了一篇文章推广了金斯（Jeans）在气体分子碰撞时“速度的持续状态”的工作。金斯曾力图改善动力学的平均自由程的基础计算，动力学中通常假设，在一次碰撞之后，分子会“忘记”以前的运动，只接纳发生碰撞的位置的平均速度和运动方向。这样，斯莫鲁切夫斯基所从事的是这样一种研究：尝试解释碰撞对分子路径的影响，继而对气体性质的影响。此外，爱因斯坦的目标则是从整个分子系统（用广义坐标表示）构造的假定概率分布中导出更一般的结果，而不用对分子间的力、碰撞作专门的假设，其中力和碰撞决定了从一个构造到另一个构造的转移。动力学和统计力学，这两个方法论在同一个应用领域导出了类似的界，气体的平均性质，但是动力学可以推广到计算气体的转移性质，而统计力学可用来计算液体和固体的平均性质。对布朗运动的解释包含了一门学科，动力学和统计力学都不能征服它：液体的转移性质和波动。因此有必要知道影响这个问题的两个观点。

斯莫鲁切夫斯基说：“如果人们在显微镜下观察布朗运动，马上会有这种印象，那就是看起来好像是液体分子在运动。它们既不是跃动也不是一直向前的运动，而是振动、抖动，或者像古伊所说的：‘攒动’；这些微粒描绘着不规则的曲线运动，看起来好像是受到了与液体分子偶然碰撞的推动，而且尽管它们运动得很急促，却只是从所在位置上移开的距离很短。”

斯莫鲁切夫斯基认为在众多解释中，“布朗运动是液体分子运动原动力的直接结果”的观点是正确的。我们在第 2 章中介绍过，内格利认为“通过说明碰撞产生的速度的微小性”能反驳动力解释。因为，一个水分子与直径为 10^{-4}m（密度为 $1g/cm^3$）的微粒碰撞后，将得到 3×10^{-6}cm/s 的速度，这远远小于布朗运动的数量级。事实上，接连不断的推动将结合起来，但是，内格利认为，从平均来看，它们必然抵消掉了，因为它们是在空间的各个方向上施加，这样最终的结果不可能明显。

斯莫鲁切夫斯基认为“这是思维错误，如同一个炒股者所相信的那样，当他将其所有都投入进去的时候，他就不会再失去更多了。”他的证明只用了简单的组合计算。假设，赌博游戏构成随机事件的序列，如掷骰子，每次赢的概率和输的概率相等。那么 n 次投掷中赢 m 次，输 $n-m$ 次的概率（因此净利是 $2m-n$）是①

$$p_{n,m}=\frac{n!}{2^n m!(n-m)!}=\frac{1}{2^n}\binom{n}{m} \tag{3.11}$$

与 0 的平均正偏差或负偏差（即 n 次投掷中全部净利或损失的绝对值的平均值）是

$$v=2\sum_{m-n/2}^{n}(2m-n)p_{n,m}=\frac{n}{2^n}\binom{n}{\frac{n}{2}} \tag{3.12}$$

对于足够大的 n，它简化为

$$v=\sqrt{\frac{2n}{\pi}} \tag{3.13}$$

由方程（3.13），由于分子的随机影响，悬浮粒子获得的速度将和影响的个数的平方根成正比。所以，如果每秒有 10^{16} 次冲击，那么每次冲击在 $\pm10^{-6}$cm/s的 x 方向上传递一个速度分量，那么 1s 后，每个粒子将获得 100cm/s 的速度。

虽然这个计算证明了内格利证明中的错误，但是斯莫鲁切夫斯基说，自己也没有得到正确结果，因为在运算中：①由一次撞击产生的速度变化平均值不是固定的，取决于数值 C；②正的和负的变化的可能性不是相同的，C 的数值越

①Tabak J. Probability and Statistic: The Science of Uncertainty. New York: Facts on File, 2004.

大，积极方面增加的可能性就会越小①。情况并非如此，例如，从平均上看，每次碰撞同等程度地改变了粒子速度；相反地，速度增加的概率变小，速度本身变大。人们期望，在平衡状态下，由能量均分定理，微粒将有平均速度②

$$C = c\sqrt{\frac{m}{M}} \tag{3.14}$$

（c=分子的平均速度，m=分子的质量，M=微粒的质量）。但是，由这个公式计算出的速度一般远远大于实际观察到的速度（有一次是 1000 倍）。很容易解释这个悖论，如果我们知道，根据动力学，由于分子每秒撞击粒子 10^6 次，所以它将改变运动方向，因此我们既不能观测到瞬时速度，也不能观测到大量曲折路径的一部分的位移。当然这只是爱因斯坦的解释，但是它借助动力学的图像获得了具体的表示。

在构造定理理论时，斯莫鲁切夫斯基认为，微粒 M 的运动方向持续不断地变化，速度总是围绕着由方程（3.14）给出的平均值 C 上下波动。可以把速度 C 的大小设定为不变的，运动方向设定为变化的。斯莫鲁切夫斯基假设，根据弹性球体碰撞定律，粒子在每次撞击下运动方向发生细微的改变，大约为 $3mc/4MC$。他还假设，相等时间间隔里出现分子撞击，这样粒子的路径是由等长部分构成的链。

由此，完全清楚的是，斯莫鲁切夫斯基只是改写了对气体分子路径的平均自由程的描述，唯一区别是，一次碰撞之后的持续运动是几乎绝对的，而在其他气体分子中运动的气体分子，就由相对小的运动持续性③。

这样，斯莫鲁切夫斯基把布朗运动理论演化为数学问题：每个长为 l 的小段，其每次绕前一个方向的任意选定的方向旋转 ε 角，n 个这样的小段首尾相接组成一条链，求这个链的均方距离。斯莫鲁切夫斯基通过解一个含有三角函数上的积分的递归方程，得到了通解

$$\Delta_n^2 = l^2\left\{\frac{2n}{\delta} + 1 - n - 2\,\frac{(1-\delta)^2 - (1-\delta)^{n+2}}{\delta^2}\right\} \tag{3.15}$$

其中 $\delta = 1 - \cos\varepsilon \approx \varepsilon^2/2$ 。当 $n\delta$ 很小时，求极限可得

$$\Delta = nl\left(1 - \frac{n\delta}{6}\right) \tag{3.16}$$

（几乎和直线运动一样，曲率上有小的修正）当 n 很大时，均方根位移变为

---

①乔治 G. 斯皮罗．定价未来：撼动华尔街的量化金融史．王彩虹译．北京：机械工业出版社，2014：101-102.

②Brush S G. A history of random process. Archive for History of Exact Sciences，1968，5：1-36.

③Brush S G. A history of random process. Archive for History of Exact Sciences，1968，5：1-36.

$$\Delta = l\sqrt{\frac{2n}{\delta}} \tag{3.17}$$

代入 $\varepsilon = 3mc/4MC$（$=3C/4c$，由方程（3.14）），每节长度 $l=C/n$（如果每秒经过 n 节），斯莫鲁切夫斯基得到

$$\Delta = \frac{8}{3}\frac{c}{\sqrt{n}} \tag{3.18}$$

为了把自己的结果和爱因斯坦的相比较，即用粒子的大小、媒质黏度和温度表示平均位移，斯莫鲁切夫斯基应用了气体动力学的另一个结果。如果气体的每单位体积中包含 N 个点分子，而且平均速度为 c，那么在气体中静止的半径为 R 的分子每秒受到撞击次数是

$$n = NR^2\pi c \tag{3.19}$$

由每次碰撞引起的速度 C 的平均变化是 $2mC/3M$。因此，液体的阻力是

$$S=\frac{2\pi}{3}R^2\lambda c=\frac{2}{3}mn \tag{3.20}$$

因此，碰撞次数 n 可以由以下公式给出，并且与阻力 S 有关

$$n = \frac{3}{2}\frac{S}{m} \tag{3.21}$$

如果现在假定，阻力的斯托克斯公式可用

$$S=6\pi\mu R$$

表示，那么可以把 $n=9\pi\mu R/m$ 代入方程（3.18），并得到

$$\Delta = \frac{8}{9\sqrt{\pi}}\frac{c\sqrt{m}}{\sqrt{\mu R}} \tag{3.22}$$

回忆一下，爱因斯坦的方程中的 λ_x 是 x 轴方向上位移的平均分量，因此对应于斯莫鲁切夫斯基的 $\sqrt{3}$ 除 Δ，我们知道 $RT/N=mc^2/3$，可看出斯莫鲁切夫斯基的结果比爱因斯坦的小了一个因数 $\sqrt{\frac{27}{64}}$，但是本质相同。

考虑到爱因斯坦和斯莫鲁切夫斯基所做的各种近似，系数的微小差异就不奇怪了。正如 Furth 在斯莫鲁切夫斯基论文的注释中所指出的，斯莫鲁切夫斯基在他后来的文章中采纳了爱因斯坦的公式。

3.3 朗之万，1908

对于布朗运动，当时还有其他的理论解释，它是法国物理学家朗之万（Paul Langevin，1872～1946）在 1908 年做出的。它比爱因斯坦和斯莫鲁切

夫斯基的解释更简单和直接，因此也被现在的教科书普遍采用。

爱因斯坦考察的是浸在液体中的许多微粒，而朗之万则在考虑单个微粒上所发生的情况。浸在液体中的物体受制于两个力的作用——导致布朗运动的分子撞击，以及液体的黏性摩擦所导致的反作用力。一个布朗微粒所受到的来自液体的黏性力是平均意义上的。朗之万还考虑了悬浮物体所受到的随机撞击的平均值的波动。因此他还给这个运动方程增加了一个额外的随机力。他解出了这个方程，并得到了关于一个布朗微粒位移的结论，这个结论与爱因斯坦的一样：这个平均位移（定义为位移的平方的均值的平方根）与时间的平方根一起变动。朗之万的论文开辟了一个新的数学领域——随机微分方程①。

爱因斯坦与斯莫鲁切夫斯基于概率平衡观点描述许多布朗粒子的平均行为，朗之万则用方程描述一个布朗粒子的运动轨迹，现在称之为“朗之万方程”。虽然朗之万对于布朗运动分析推导的方法与爱因斯坦不同，但其轨迹的平均与爱因斯坦的结果吻合。朗之万是依据牛顿第二定律 $m\frac{\mathrm{d}^2x}{\mathrm{d}t^2}=\sum F$ ，考虑一个布朗粒子在运动时，同时受到流体的阻力 $m\zeta\frac{\mathrm{d}x}{\mathrm{d}t}$ ，与流体分子因热运动与其碰撞的热扰动力 $R(t)$ 。推导如下：

$$m\frac{\mathrm{d}^2x}{\mathrm{d}t^2}=-\zeta\frac{\mathrm{d}x}{\mathrm{d}t}+R(t) \tag{3.23}$$

将方程（3.23）乘上 x ，我们得到

$$m\frac{\mathrm{d}^2x}{\mathrm{d}t^2}x=m\left[\frac{\mathrm{d}}{\mathrm{d}t}\left(x\frac{\mathrm{d}x}{\mathrm{d}t}\right)-\left(\frac{\mathrm{d}x}{\mathrm{d}t}\right)^2\right]=-m\zeta\frac{\mathrm{d}x}{\mathrm{d}t}x+R(t)x \tag{3.24}$$

由于热扰动力 $R(t)$ 与粒子所处位置 x 无相关性，所以 $\overline{R(t)x}=0$ 。同时热力学平衡时，系统中粒子的平均动能代表温度，即 $\frac{1}{2}m\overline{\left(\frac{\mathrm{d}x}{\mathrm{d}t}\right)^2}=\frac{1}{2}k_{\mathrm{B}}T$ 。将上述两项代入方程（3.24）可得

$$\overline{x}^2=2\frac{k_{\mathrm{B}}T}{m\zeta}\left[t-\frac{1}{\zeta}(1-\mathrm{e}^{-\zeta t})\right] \tag{3.25}$$

其中 $\zeta\neq 0$ 。当 $t\gg\zeta^{-1}$ ，可得 $\overline{x}^2=2\frac{k_{\mathrm{B}}T}{m\zeta}t$ 。将这个结果代入爱因斯坦-斯莫鲁切夫斯基方程 $\overline{x^2}=2Dt$ ，可推得能斯特-爱因斯坦方程 $D=\frac{k_{\mathrm{B}}T}{m\zeta}$ 。

---

①乔治 G. 斯皮罗．定价未来：撼动华尔街的量化金融史．王彩虹译．北京：机械工业出版社，2014：106.

朗之万方程的特性是将流体小分子与布朗粒子的热力学作用力表述成随机的热扰动作用力，而非平衡（相对运动）的作用力则以流体力学作用力表述。由于是从牛顿第二定律推导而来的，朗之万方程中可以直接引入其他作用于布朗粒子的外力场。因为朗之万方程只代表单一布朗粒子的行为，集体行为需通过许多轨迹的平均来表示。过去，由于平均过程涉及大量运算，相较于代表集体平均行为的概率平衡方程，朗之万方程并不具有显著优势。现在，由于电脑运算速度的快速发展，应用牛顿第二定律的分子动力学和应用朗之万方程的布朗动力学的“电脑模拟”已被广泛地用来研究热扰动力非常重要的胶体与生物系统①。

3.4 实验验证

爱因斯坦的理论成果圆满地阐明了布朗运动的根源及其规律性，同时也为证实分子的真实性找到了一种方法。接下来的工作就是要用充足的实验来检验这一理论的可靠性。爱因斯坦说：“我不想在这里把可供我使用的那些稀少的实验资料去同这理论的结果进行比较，而把它让给实验方面掌握这一问题的那些人去做。”“但愿有一位研究者能够立即成功地解决这里所提出的、对热理论关系重大的这个问题！”爱因斯坦提出这一任务不久之后，就由佩兰出色地完成了。

在介绍佩兰的工作之前，有必要了解下当时的实验条件及同时代科学家的研究状况。

20 世纪初，在布朗运动研究方面的一个重大实验进展是，1902 年奥地利化学教授齐格蒙第（Richard Zsigmondy，1865～1929）发明了超显微镜，用它可直接看到和测定胶体粒子的布朗运动，这也就证实了胶体粒子的真实性，为此，齐格蒙第获得了 1925 年诺贝尔化学奖。通过分散光线，普通显微镜不能看见的细小微粒可以在这个设备上被观测到。齐格蒙第把观察到的布朗运动描述为“阳光下一群跳舞的昆虫……它们跳跃、舞蹈、撞到一起又彼此分开，是如此的不可思议”。齐格蒙第认为这种运动可分解为一个平移运动和一个快速的振荡运动。《超显微镜和超显微物》是一本由戈登（Aimo Cotton）和穆通（Henri Mouton）合写的关于超显微镜及其应用的书，于 1906 年出版，有助于促进对布朗运动的兴趣，也有助于使该领域的研究者注意到爱因

①王子瑜，曹恒光．布朗运动、朗之万方程式与布朗动力学．物理，2005，27（3）：456-460.

斯坦的理论。

为了检验布朗运动是由分子的热运动所引起的，利用超显微镜和精致的观测技巧，斯韦德贝里①（Theodor Svedberg，1884～1971）对布朗运动作了仔细的测量，他曾试图根据观测到的胶体粒子速度来估算分子速度。

可能是由于与植物学家布朗有亲戚关系的缘故，斯韦德贝里的第一个实验是关于布朗运动的。1906 年，他使用一副超显微镜来观测悬浮在液体中的细小物体。受齐格蒙第的发现的影响，斯韦德贝里也认为他看见了这种震荡运动。斯韦德贝里认为他观测到了液体中的起伏运动，甚至对它们的振幅、频率和速度进行了估计。但是，斯韦德贝里错了。当时斯莫鲁切夫斯基曾指出，没有办法对布朗颗粒的速度进行测量，而那些震荡运动则从没有人看见过。斯韦德贝里所作的估计都依赖于肉眼观测，而这是一种危险的测量形式，特别是当实验者对预期结果事先就有一个想法的时候。可是斯韦德贝里并没有意识到这些，他把自己的发现发表在《电化学杂志》上，并且把这篇文章寄给了爱因斯坦。

爱因斯坦在另一篇文章中指明，由能量均分定理算出的超显微粒子的速度不可能被直接观测到，纠正了斯韦德贝里工作中的基本误解。为了不伤害这个年轻学生的感受，同时不想扼杀他的研究热情，爱因斯坦非常委婉地表达了他的批判意见："我希望指出（布朗）运动的一些特征，这些特征可根据热分子理论来得到。我希望我能够帮助那些用实验处理这个课题的物理学家，来解释他们的发现。" 1909 年 11 月 11 日，爱因斯坦写信给佩兰："我立即就明白了斯韦德贝里的观测方法以及他的理论处理中的错误。当时我只作了一些小的改正，只针对一些最严重的错误，因为我不能伤害斯先生在自己工作中所获得的巨大快乐。"②

除了斯韦德贝里实验工作的基本概念上的错误，他的数值结果与爱因斯坦的预测也稍有不符。

有关爱因斯坦和斯莫鲁切夫斯基理论的其他早期实验工作还有艾伦哈夫特（Felix Ehrenhaft）对悬浮微粒位移的观测、亨利（Victor Henri）对悬浮粒子位移的电影摄影测量，或者塞迪希（Max Seddig）关于布朗运动对温度的依赖性的研究，都对此理论提供了定性的确认。例如，亨利在 1908 年

---

①斯韦德贝里生于瑞典，1904 年进入乌普萨拉大学学习化学，1905 年获理学学士学位，1907 年获理学博士学位。1926 年由于对分散系统的研究而获得诺贝尔化学奖。

②约翰·施塔赫尔．爱因斯坦奇迹年——改变物理学面貌的五篇论文．范岱年，许良英，译．上海：上海科技教育出版社，2001.

向法国科学院汇报了他对布朗运动的拍摄结果，他每隔 1/20 秒拍摄一次的照片证据，在定性上证实了爱因斯坦、朗之万和斯莫鲁切夫斯基的预测，但在定量上却刚好相反。导致这一数据上的不一致的原因并不可知，后来的物理学家认为，由于拍照对液体的加热效果可能比想象的严重。结果是，布朗运动的分子运动论解释，在 1908 年仍未被普遍接受为现象的唯一解释。

从塞迪希和亨利的摄影记录，爱因斯坦注意到要得到满意的结果的主要困难是在温度的控制上。在佩兰发表他对现象的精密实验研究之前，爱因斯坦曾对获得布朗运动的精确测量之可能性表示怀疑。

直到法国物理学家佩兰[①]的工作出现，才改善了这一状况。

需要说明的是佩兰对原子论的态度。1901 年他在巴黎举行的分子假设讨论会上作了简短发言，他建议原子结构有个“像行星运行似的核”，带正电的“太阳”被许多带负电的小“行星”包围。这些行星的旋转周期可能对应于散射光谱中不同的波长。1903 年他出版了物理化学教科书的第一卷。在前言中，他回顾了分子假说的状况。他承认，科学不该以原子论为基础，如果它只意味着把可见的变为不可见的或不可知的。但是他坚持认为，如果原子假说处理了那些即使不能被认识到的最不可能的感受，那么它就是合理的。他说，相似的有疾病的细菌理论在显微镜发明前就诞生了，并被成功的检验。细菌那时是假设存在的实体，然而，正如我们现在所知道的，它们最终被观测到了。因此，佩兰是接受原子理论的。

1908～1913 年，佩兰进行了验证爱因斯坦理论和测定阿伏伽德罗常量的实验研究。

佩兰的初期想法是，既然在液体中进行布朗运动的微粒可以看成是进行热运动的巨大分子，它们就应该遵循分子运动的规律，因此只要找到微粒的一种可用实验观测的性质，这种性质与气体定律在逻辑上是等效的，就可以用来测定阿伏伽德罗常量。1908 年，他想到液体中的悬浮微粒相当于“可见分子的微型大气”，所以微粒浓度的高度分布公式应与气压方程有相同的形式，只是对粒子受到的浮力加以校正。这一公式是 $2.3\log\frac{n_0}{n}=\frac{1}{k}mgh\left(1-\frac{1}{\lambda}\right)$，其中 k 是玻尔兹曼常量[②]。根据此公式，从实验测定的粒子

①1926 年佩兰由于“对物质非连续结构的研究”而获得诺贝尔物理学奖。

②Brush S G. A history of random process. Archive for History of Exact Sciences，1968，5：1-36.

浓度的高度分布数据就可以计算 k 和 N_0 。从这个实验得出的结论，符合爱因斯坦的假设，从而证明了气体运动论，证实了分子的存在。

佩兰的另一种实验是测量布朗运动，可以说这是对分子热运动理论的更直接证明。根据前述的爱因斯坦对球形粒子导出的公式，在选定的一段时间内用显微镜观察粒子的水平投影，测得许多位移数值，再进行统计平均。佩兰改变了各种实验条件，如材料、粒子质量、溶液密度、介质和温度等，得到的 N_0 值是（5.5～7.2）$\times 10^{23}$。

考虑到这些方法涉及许多物理假设和实验技术上的困难，可以说这在当时是相当了不起的。以后的许多研究者根据其他原理测定的 N_0 值都肯定了佩兰结果的正确性。佩兰在各种综述性论著中总结了他的成果，这大大促进了人们对原子论的普遍接受。

1908 年 11 月 30 日，佩兰的博士研究生肖德赛格（Chaudesaiges）报告了对爱因斯坦位移公式的新检验，他用的是藤黄的球形颗粒，其半径被精确测量。肖德赛格发现，倘若令 $N=64\times 10^{22}$，爱因斯坦的公式则完全准确，不仅仅在比例常数方面。位移的分布服从误差定律，与期望的一样。

佩兰的实验结果令爱因斯坦感到惊讶。爱因斯坦在 1909 年 11 月 11 日写信给佩兰："我原以为没有办法对布朗运动观测得如此仔细，幸好是你选择了这个课题。"鉴于佩兰甚至能够把旋转的布朗运动也纳入他的研究之中，爱因斯坦坦言道："我不曾考虑到旋转的测量是可能的。在我的心目中，这只是个小小的玩笑。"

3.5　与数学的联系

佩兰在布朗运动历史上占有重要地位，不仅是因为他的实验验证了爱因斯坦-斯莫鲁切夫斯基理论，从而证实了原子的实在性，另外，他强调布朗运动路径与不可微函数的相似性（以前黎曼和魏尔斯特拉斯研究过），这促进了后来对函数积分的一些研究，尤其是维纳的研究。

布朗运动是由于悬浮在液体中的微粒受液体分子的撞击而不停移动。由于撞击来自四面八方，使得微粒的运动变得非常不规则，以及运动的路径也不是平滑的。即便把路径放大到最大，也得不到一条直线，这就是斯韦德贝里在试图测量该微粒的速度时感到困难的原因所在。他希望测量该微粒的一部分路径，然后用该长度除以微粒所用的时间，但他从没有准确测量到该长度。不管他怎样放大显微镜下的路径，希望至少看见一小段平滑的线条，但随着放大倍数的增加，更多的细微不规则运动开始显现出来①。

德国数学家魏尔斯特拉斯（Karl Weierstrass，1815～1897）曾在半个世纪前设想过一个有类似路径的理论例子，并设计了一个合适的函数。他把它定义为用三角法表述的一个无穷数的和，这就是后来所称的魏尔斯特拉斯函数。这个和并不是无穷的。相反地，在给每个点一个确定的有限值的情况下，该函数会被很好地定义。此外，由于这些点离得很近，因此值也很近，所以它也是连续的，但该函数不是平滑的。尽管没有突然的跳跃，它也是处处不平滑的，存在不规则性。

魏尔斯特拉斯在 1872 年的一篇论文中给出的构造是这样的

$$f(x)=\sum_{n=0}^{\infty}a^n\cos(b^n\pi x)$$

其中 $0<a<1$，b 为正的奇数，使得 $ab>1+\frac{3}{2}\pi$。他证明了这个函数处处连续但处处不可导。一般人直觉上会认为连续的函数必然是近乎可导的。即使不可导，所谓不可导的点也只占整体的一小部分。可以说，在魏尔斯特拉斯之前，数学家对函数的连续性认识并不深刻。许多数学家认为除了少数一些特殊的点以外，连续的函数曲线在每一点上总会有斜率。魏尔斯特拉斯函数的出现说明了所谓“病态”函数的存在性，改变了当时数学家对连续函数的看法。魏尔斯特拉斯函数是数学史上一个著名的数学反例。

佩兰在做实验检验爱因斯坦理论的同时，曾在一篇著名论文中，把物质的物理不连续性与没有切线的曲线的数学性质作了类比。他指出，在讲极限概念时，我们通常是画一条曲线，计算曲线上一点在有限时间内从它的有限位移沿曲线运动的平均速度。然后我们对学生说：“你知道，不是吗？当这段距离趋于 0 时，平均速度趋于一个极限。”如果学生不至于太聪明或吹毛求疵，他将接受这种证法，并同意曲线当然在任一点都有瞬时速度或斜率。

但是，佩兰说，19 世纪的数学家最后认识到，用这种方法，严格证明每个连续函数有导数的尝试是徒劳的。

“但是他们仍然认为唯一有意义的函数是可微分的函数。然而，现在，严格给出连续型概念的一个重要学派，创造了一门新数学，旧的函数理论在那里只是对一群单个特征（肯定是深奥的）研究。有导数的曲线成了现在的特例；或者，如果用几何语言说，在任一点都没有切线的曲线成了惯例，而熟

①乔治 G. 斯皮罗．定价未来：撼动华尔街的量化金融史．王彩虹译．北京：机械工业出版社，2014：179.

悉的常规曲线成了奇怪的东西，毫无疑问是有趣的，但仍然十分特别。”

现在仍有许多人会说这些发展虽然对数学家有趣，但是和真实世界无关。佩兰断言，他们完全错了，因为人们只能在显微镜下去看，那些在肉眼下显得完全连续、类似的、静态的普通物质，实际上是不连续的、不同的、动态的。总之，我们没有理由认为，物质的性质规则地变化，就像我们从一个地方到另一个地方。

佩兰发现布朗运动让人想起不可微的连续函数：

“（布朗运动的）机制服从爱因斯坦在一系列令人钦佩的理论文章中给的详细分析。斯莫鲁切夫斯基给的近似但启发性的分析当然也值得提及。

爱因斯坦和斯莫鲁切夫斯基以同样的方式定义了布朗运动的活动。以前我们不得不通过尽可能近地跟随颗粒的路径来确定运动的‘平均速度’。对一微米左右大小的颗粒来说，这样得到的值通常是每秒几微米。”

“但是对活动这样的估计是完全错误的。轨道混乱而复杂，它们变换得又快又频繁，以至于不可能跟踪它们，实际上测量的轨道比真实的情况要简单和短得多。类似地，颗粒在一段时间内的平均速度，从数量和方向上都激烈地变化，并不随着观察时间的减少而趋于一个极限，并不像用显相器记录下颗粒在每分钟、甚至每隔 5s 的位置那么简单，或者每隔 1/20s 拍下颗粒的位置，亨利，科芒东（Comandon）就这样做过，德·布罗意（de Broglie）① 则录下了颗粒的运动。不可能固定一个切线，甚至是近似的，因此我们想起数学家的连续不可导函数。仅仅把这种函数看成数学的怪物是不对的，因为在“不可导”及“可导”过程中自然找到了种种迹象……”②

爱因斯坦和佩兰的工作启发了数学家维纳的研究，在维纳所写的关于布朗运动的书或文章中，经常能看到维纳提到爱因斯坦和佩兰的工作，并且还常引用佩兰书中的原话。

---

① 法国物理学家，曾获 1929 年诺贝尔物理学奖。

②Paley R C，Wiener N. Fourier Transforms in the Complex Domain. Cambridge：Colloquium publications，1934.

第 4 章　超越时代的先行者

在物理学家和化学家围绕布朗运动展开热火朝天的研究之前，已经有两位科学家分别从各自不同的研究领域——天文学计算和股票价格，进行了与布朗运动本质相同的模型研究。他们的研究新颖独到，但由于其思想远远超越了其所处的时代，以至于当时的人们没有认识到这项研究的重要性，使得这项工作长期遭到冷遇。

本章我们就来介绍这两位时代的先行者——丹麦的蒂勒和法国的巴切利尔。

4.1　蒂勒，1880

蒂勒（Thorvald Nicolai Thiele，1838～1910）是一位兴趣广泛的丹麦天文学家，他在天文学、数学、统计学和精算学都做出过重要贡献。蒂勒生于丹麦的一个显赫家庭，他的父亲是国王克里斯蒂安八世的私人图书管理员。他曾在哥本哈根大学学习天文学，22 岁时获得硕士学位，6 年之后获得博士学位。接着他留校任教，后来成为了该校天文台的台长。除教师工作外，他还是丹麦首家私人保险公司哈弗里亚（Hafnia）的创始人，并担任首席精算师，任职达 38 年，并且是丹麦数学学会、丹麦精算师协会和丹麦国际象棋俱乐部的创始会员。

蒂勒的视力曾受到过严重的损害，这让他不能再进行天文观测，所以他把自己对天文的兴趣转移到计算工作中来。他在 1880 年发表了一篇论文，标题是“将最小二乘法应用于不同随机来源的误差的特定类型的组合的案例中，给这些误差带来了一个‘系统性特征’”（*sur la compensation de quelques erreurs quasi-systématiques par lamethod des moindres carrés*）。这篇文章研究了时间序列数据的特征。一段时间里星星的运动、室外的温度或股票价格的变动等都是时间序列数据。

蒂勒使用最小二乘法来预测某个过程的真实值，由于望远镜或显微镜精度的有限性，观测过程是存在误差的。他的目标是给出一个模型，这个模型能够描述一系列测量过程所带来的观测误差。而蒂勒所考虑的过程就是微粒的布朗运动，尽管他不是用这些术语来描述这一过程的：前进和后退的随机步伐，从平均来看会相互抵消，而位移则与步数的平方根成正比。在测量这个过程时，随机测量误差会叠加。有时测量误差会很大，而有时则会很小，但平均来看这些误差会为零。蒂勒的目的就是估计大量时间间隔之后该微粒的真实位置。

以布朗过程的特定特征和估计误差的初识估计为起点，蒂勒采用了一种迭代程序来确定隐藏在测量误差噪声之后的微粒真实位置。经过每次迭代，估计效果会变好，逐渐接近未知的真实值。这个程序就是所谓的卡尔曼（Kalman）滤波的前身，而卡尔曼滤波则会在 80 年之后被重新发明出来①。

蒂勒对最小二乘法的运用充满了独创性。由于他也发表了该论文的法语版本，所以他的研究成果应该被当时的学界所了解。但不幸的是，这篇论文的重要性在当时并没有获得广泛的认同。

4.2　巴切利尔，1900

布朗运动不是一个孤立的问题，它还在经济学领域出现过。1900 年，法国数学家巴切利尔的博士论文《投机理论》发表，文中将股票价格的涨跌也看成一种随机运动，所得到的方程与描述布朗粒子运动的方程非常相似，并且给出了许多随机过程理论的重要结果。

我们有必要在此介绍一下当时的社会背景。1900 年，世界博览会和奥林匹克运动会都在巴黎举行。为了庆祝这一世纪之交和巴黎在文明世界中的中心地位，当年，巴黎召开了超过 100 场学术讨论会。在国际数学会议上，德国数学家希尔伯特提出了著名的 23 个公开问题清单，这份清单为 20 世纪的数学研究设置了议程。而在巴切利尔的论文发表两个月之后，巴黎召开了国际金融证券会议。这次会议聚集了数百名金融经济学家、投资银行家和公司律师，著名的法国统计学家和经济学家内马克（Alfred Neymarck）称这次会议取得了巨大的成功。回过头来看，这次大会和巴切利尔的论文几乎同时出现，可被视为经济学数学化一般趋势的起点。

4.2.1　生平

巴切利尔出生在勒阿弗尔（Le Havre）的一个受人尊敬的中产阶级家庭。他的父亲是葡萄酒商人，他的母亲是银行家的女儿，他的祖父是金融界的重

①乔治 G. 斯皮罗．定价未来：撼动华尔街的量化金融史．王彩虹译．北京：机械工业出版社，2014：125.

要人物。不幸的是，在 1889 年，当 19 岁的巴切利尔刚从卡昂的一所学校毕业时，他的父母在这一年先后去世。因此，他不得不中断学业谋生，并照顾妹妹和三岁的弟弟。他似乎继承了家族的事业，后来曾在巴黎股票交易所工作。这一事件对巴切利尔的学术生涯产生了深远的影响——他熟悉了金融市场。

接下来的服兵役又延误了巴切利尔的学业。最后，1892 年，巴切利尔来到巴黎，在索尔邦大学继续他的大学教育。几乎没有关于这段时期的资料，人们只知道他听了阿佩尔（Paul Appell）、布西内（Joseph Boussinesq）、庞加莱的课。他在 1895 年的登记簿上的数学成绩远远低于他的同学朗之万、利埃纳尔（Liénard）。尽管有四年的时间中断了学习，但是作为一名科学家，巴切利尔的发展还是足够快的。1898 年巴切利尔获得了理学学士学位，两年后博士答辩，论文是关于投机理论的，是讨论概率论在股票市场的应用。这在历史上是第一次尝试在金融中用高等数学，并且引进了布朗运动[①]。

在“投机理论”的标题下，巴切利尔把连续性引进了概率问题。令时间为变量，他考虑了概率的运动和概率链，然后把这些思想应用到市场价格的波动和光与辐射的传播。无规则的运动和扩散之间的关系是布朗运动的数学理论中的首次尝试，这一经典理论现在称为爱因斯坦-维纳理论。

19 世纪末，在数学中有两个主要领域：数学物理（即力学）和几何。当时人们都学习这些。因此他跟布西内和庞加莱学习了热（扩散方程）理论。他还学习了庞加莱的天体力学的课程，因为庞加莱当时被极度崇拜。

巴切利尔的论文题目在当时是不寻常的。但是，从另一方面来说，巴切利尔是在适当时候的适当人选，首先因为他具有在股票交易所的经历；第二，他了解热理论；第三，庞加莱教给了他概率论，他还有贝特朗（Joseph Bertrand，1822～1900）的概率论讲义，这很好地帮助了他掌握概率论[②]。

在这篇论文发表一百年后，人们很容易理解巴切利尔的思想的重要性。这篇文章标志着连续时间随机过程的数学理论的诞生，以及连续时间的期权价格经济学的诞生。巴切利尔在分析期权价格的金融经济问题时，给出了傅里叶微分方程的两个不同推导，也就是现在所谓的维纳过程或布朗运动的概率密度的方程。在第一个推导中，他写下了现在所谓的科尔莫戈罗夫-查普曼

---

①Mandelbrot B B. Louis Bachelier//The New Palgrave：Finance. London：The Macmillan Press Limited，1989：86-88.

②Taqqu M S. Bachelier and His Times：a Conversation with Bernard Bru，Mathematical Finance—Bachlier Congress 2000. New York：Springer，2002：1-40.

卷积概率积分，它是这一积分早期发表的一个。在另一个推导中，他求一个离散时间的二项过程的极限，来得到连续时间的转移概率。当然，推理并不严格，但是在直观上基本正确。这令人惊讶，因为在20世纪初，概率论的数学基础并不存在。马尔可夫在1906年才开始研究现在所谓的马尔可夫链，关于任意随机变量的条件期望的概念，或代数的概念到20世纪30年代才诞生①。

答辩委员会由庞加莱、阿佩尔和布辛奈斯克等组成。根据索邦大学的要求，巴切利尔还需为另一篇关于流体动力学的论文答辩。就第二篇论文而言，阿佩尔在报告中提到，这位博士候选人对于球体在液体中运动的理论掌握得非常好。不过，真正引起这个答辩委员会高级成员兴趣的还是巴切利尔关于投机的论文。

庞加莱等审阅了巴切利尔的这篇博士论文，并在报告中评价了巴切利尔的工作：

“巴切利尔选择的主题有点远离我们的申请者一般要研究的内容。他的论文题目是‘投机理论’，关注的是概率论在股票交易中的应用。首先，人们可能担心作者像往常那样夸大了概率论的适用性。幸运的是，情况不是这样。作者在引言和题为“股票交易中的概率”一节，努力限定了合理运用这种运算的范围。他没有夸大他的结果的范围，我认为他没有被自己的公式所误导。

“那么人们在这样的领域可以推断出什么呢？显然，各种交易的市场价格服从某些规律……买方认为价格可能上升，否则他不会买进，但是如果他买了，那时因为有人卖给他，这个卖方显然认为价格可能下降。从这个结果看，把市场看成一个整体，所有交易及交易的组合的数学期望应该是0。

……

巴切利尔推导高斯定律的方法很新颖，稍微修改一下，他推理中的所有有趣的结果都可以推广到误差理论……他对傅里叶方程的推导很新颖。遗憾的是，巴切利尔没有进一步发展论文的这一部分。

……

巴切利尔然后检验了一个似乎需要复杂计算的问题。在某一天之前市场价格达到某一值的概率是多少？在写问题的方程时，得到了多重积分，添加的积分符号的个数和固定日期之前的天数一样多。这个方程乍看之下很难解。作者用简短、简单和优美的证明解决了它……

①Cootner P H. Origins and Justification of the Random Walk Theory, the Random Character of Stock Market Prices. Cambridge: The MIT Press, 1964: 1-6.

总之，我们的意见是，有理由批准巴切利尔发表论文并递交。”①

报告表明，庞加莱极为赞赏巴切利尔的论文。报告不仅深刻分析了数学结果，并且对市场规律也有见解。他推荐巴切利尔的文章在当时最有声誉的杂志之一《高等师范学校科学年刊》（*Annales scientifiques de l'École Normale Supérieure*，1900：21—86）上发表。然而，由于这篇论文偏离了当时数学的主流，所以没有受到应有的重视，巴切利尔没能在大学获得一份教职。

1900～1941 年巴切利尔仍然相当活跃。他继续发展扩散方程的数学理论，在声誉良好的法文杂志上发表了一系列文章（有 14 篇之多），并出版了 6 本书，下面我们只列出比较重要的几个：

（1）《赌博的数学理论》（*Théorie mathématique du jeu*，*Annales scientifiques de l'École Normale Supérieure*，1901：143-210.）

（2）《连续概率论》（*Théorie des probabilités continues*，*Journal de Mathématiques Pures et Appliquées*，1906：259-327.）

（3）《对原因的概率的研究》（*Étude sur les probabilités des causes*，*Journal de Mathématiques Pures et Appliquées*，1908：395-425.）

（4）《重复实验中的一般概率论问题》（*Le problème general des probabilités dans épreuves répétées*，*Comptes-rendus des Séances de l'Académie des Sciences*，*Séance du* 25 *Mai*，1908：1085—1088.）

（5）《多变量的概率》（*Les probabiliés à plusieurs variables*，*Annales scientifiques de l'École Normale Supérieure*，1910：339—360.）

（6）《概率计算》（*Calcul des probabiliés*，1912.）

（7）《投机和概率计算》（*Laspéculation et le calcul des probabiliés*，1939.）

在 1906 年的文章中，巴切利尔定义了新类型的随机过程，现在称为独立增量过程、马尔可夫过程，他还得到了奥恩斯坦-乌伦贝克过程。他的方法可以看成用赌博的语言和概念来发展随机微分方程理论。

从 1909 年开始，巴切利尔作为非正式教师免费在索尔邦大学教课，从 1913 年学校才开始付给他薪水。特别需要指出的是，他教了一门课是“概率论及其在金融交易中的应用，以及与一些物理问题的类似”。

显然，巴切利尔知道自己发现的重要性。他在简历中写道，他的《概率计算》（1912）是第一本超过拉普拉斯著作的书。巴切利尔认为，他的主要成

---

①Courtault J M. Louis Bachelier on the centenary of THÉORIE DE LA SPÉCULATION. Mathematical Finance，2000，10：341-353.

就是在概率模型中系统使用了连续的概念。

1914 年，巴黎大学的理事会打算使巴切利尔拥有永久的职位，但是第一次世界大战破坏了这一计划。44 岁的巴切利尔被征去当兵，直到 1918 年 12 月 31 日才复员。随后，他才在柏桑松（Besancon）大学得到正规的学术职位，接替离任的特纳德（C. E. Traynard）教授。1922 年特纳德的返回使巴切利尔不得不到第戎大学取代了巴伊雷（R. Baire），然后在 1925 年他到了雷恩大学。最后，在 1927 年他在柏桑松大学被授予永久的教授职位，从此他一直在那工作，直到 1937 年退休。在退休之后，他带着三本自费印刷的概率论书搬到了布列塔尼，与他的一个妹妹住在一起。1941 年出版了最后一本书。1946 年 4 月 29 日，他离开了人世。

4.2.2 工作

在巴切利尔的论文的第一部分，详细介绍了当时法国股票市场的产品，如期货合同和期权。在金融知识的准备后，巴切利尔开始给出股票价格波动的数学模型。他认为，在股票交易市场，买方和卖方构成一种平衡，因为作为整体的市场既不认为价格上升，也不认为价格下降。假设价格随机变化，用我们的话说就是，任一时刻的价格可用随机变量表示。这样，巴切利尔阐述了一个原理：“投机者的期望是 0。”换言之，他含蓄地把如下命题作为一个公理：市场用鞅测度来评定资产。

进一步的假设是，价格按照连续马尔可夫过程发展，时间和空间都是齐次的。巴切利尔证明，这个过程的一维分布的密度满足现在所谓的科尔莫戈罗夫-查普曼方程，并且注意到，有线性递增方差的高斯密度是这个方程的解。虽然没有讨论唯一性问题，但是巴切利尔给出了一些进一步的证据证明自己的结论。他通过把价格过程看成随机游走的极限，得到了和上面同样的定律。巴切利尔还发现，过程的分布函数族满足热方程：概率扩散或“传播”。

这十几页的结果引人入胜，但是还没有完，模型被用来计算各种期权价格。巴切利尔计算了布朗运动不超过某一固定水平的概率，并发现了布朗运动的上确界的分布。

下面就具体看一下巴切利尔是如何达到其中这些结果的①。

在题为“概率的规律”一节中，巴切利尔引入了价格的概率密度函数：令 $p_{x,t}\mathrm{d}x$ 表示在时刻 t、价格在基本区间（x，$x+\mathrm{d}x$）内的概率。如果在时

①Bachelier L. Theory of speculation//Cootner P H. The Random Character of Stock Market Prices. Cambridge：The MIT Press，1964：17-75.

刻 t_1 报价为 x 时，求 t_1+t_2 时报价为 z 的条件概率。

由联合概率的原则，所求概率将等于如下两个概率的乘积：t_1 时刻价格为 x 的概率，即 $p_{x,t_1}\mathrm{d}x$ ，以及 t_1 时刻价格为 x，而在时刻 t_1+t_2 价格为 z 的概率，即 $p_{z-x,t_2}\mathrm{d}z$ 。则所求概率为 $p_{x,t_1}p_{z-x,t_2}\mathrm{d}x\mathrm{d}z$ 。

时刻 t_1 在区间 $\mathrm{d}x$ 上的价格可能在（$-\infty$，$+\infty$）的任意处，那么在 t_1+t_2 时刻价格为 z 的概率为

$$\int_{-\infty}^{+\infty}p_{x,t_1}p_{z-x,t_2}\mathrm{d}x\mathrm{d}z$$

这就是现在所谓的科尔莫戈罗夫-查普曼方程的最早表达式之一。我们注意到，巴切利尔允许股票价格可能取负值，显然这与实际不符，这是他的工作不严密的一个地方。

接下来，巴切利尔说："时刻 t_1+t_2 的价格也可表示成 p_{z,t_1+t_2}，所以

$$p_{z,\ t_1+t_2}\mathrm{d}z=\int_{-\infty}^{+\infty}p_{x,\ t_1}p_{z-x,\ t_2}\mathrm{d}x\mathrm{d}z$$

或

$$p_{z,\ t_1+t_2}=\int_{-\infty}^{+\infty}p_{x,\ t_1}p_{z-x,\ t_2}\mathrm{d}x$$

这是 p 必须满足的方程。我们将看到，方程 $p=A\mathrm{e}^{-B^2x^2}$ 保证了上述方程成立。自此发现

$$\int_{-\infty}^{+\infty}p\mathrm{d}x=A\int_{-\infty}^{+\infty}\mathrm{e}^{-B^2x^2}\mathrm{d}x=1$$

第一项的古典积分值为 $\sqrt{\pi/B}$ ，所以 $B=A\sqrt{\pi}$ 。" 这是因为 $\int_{-\infty}^{+\infty}\mathrm{e}^{-x^2}\mathrm{d}x=\sqrt{\pi}$ ，所以 $\frac{1}{B}\int_{-\infty}^{+\infty}\mathrm{e}^{-(Bx)^2}\mathrm{d}(Bx)=\frac{\sqrt{\pi}}{B}$ 。因此 $p=A\mathrm{e}^{-\pi A^2x^2}$ 。令 $x=0$ ，则有 $A=p_0$ ，即 A 等于当前报价的概率。

有必要明确，方程 $p=p_0\exp(-\pi p_0^2x^2)$ 事实上满足前一个方程，其中 p_0 和时间有关。

令 p_1 ，p_2 分别为对应 p_0 的量和与时间 t_1 ，t_2 有关的量。有必要证明，表达式 $\int_{-\infty}^{+\infty}p_1\exp(-\pi p_1^2x^2)p_2\exp(-\pi p_2^2x^2)\mathrm{d}x$ 可以代入 $A\mathrm{e}^{-B^2x^2}$ 中，A 和 B 只和时间有关。

这个积分可变为

$$p_1p_2\exp(-\pi p_2^2z^2)\int_{-\infty}^{+\infty}\exp[-\pi(p_1^2+p_2^2)x^2+2\pi p_2^2zx]\mathrm{d}x$$

或

$$p_1p_2\exp\left(-\pi p_2^2z_2^2+\frac{\pi p_2^4z^2}{p_1^2+p_2^2}\right)\int_{-\infty}^{\infty}\exp\left[-\pi\left(x\sqrt{p_1^2+p_2^2}-\frac{p_2^2z}{\sqrt{p_1^2+p_2^2}}\right)^2\right]dx$$

注意 z 是常数。令

$$x\sqrt{p_1^2+p_2^2}-\frac{p_2^2z}{\sqrt{p_1^2+p_2^2}}=u$$

将有

$$\frac{p_1p_2}{\sqrt{p_1^2+p_2^2}}\exp\left(-\pi p_2^2z^2+\frac{\pi p_2^4z^2}{p_1^2+p_2^2}\right)\int_{-\infty}^{\infty}\exp(-\pi u^2)du\text{ 。}$$

积分值为 1，最终我们得到

$$\frac{p_1p_2}{\sqrt{p_1^2+p_2^2}}\exp\left(-\frac{\pi p_1^2p_2^2z^2}{p_1^2+p_2^2}z^2\right)$$

这个表达式有期望的形式，人们一定认为，概率可表示为如下公式

$$p=p_0\exp(-\pi p_0^2x^2)$$

其中，p_0 和时间有关。显然，概率服从概率运算中著名的高斯定律。

巴切利尔发现，上述倒数第二个方程表明，参数 $p_0=f(t)$ 满足函数关系

$$f^2(t_1+t_2)=\frac{f^2(t_1)f^2(t_2)}{f^2(t_1)+f^2(t_2)}$$

令

$$\frac{\partial f^2(t_1+t_2)}{\partial t_2}=\frac{\partial f^2(t_1+t_2)}{\partial t_1}$$

得

$$\frac{f'(t_1)}{f^3(t_1)}=\frac{f'(t_2)}{f^3(t_2)}$$

对任意 t_1，t_2 这个关系成立，两个关系式的公共值是常数，且

$$f'(t)=Cf^3(t)$$

由此 $f(t)=p_0=\dfrac{H}{\sqrt{t}}$（其中 H 为常量）。因此，对于概率的表达式，我们有

$$p=\frac{H}{\sqrt{t}}\exp\left(-\frac{\pi H^2x^2}{t}\right)$$

然后，巴切利尔通过求价格的数学期望，得出了概率的最终表达式。

价格 x 的数学期望的值是 $\dfrac{Hx}{\sqrt{t}}\exp\left(-\dfrac{\pi H^2x^2}{t}\right)$，那么总的正期望是

$$\int_0^{+\infty}\frac{Hx}{\sqrt{t}}\exp\left(-\frac{\pi H^2x^2}{t}\right)dx=\frac{\sqrt{t}}{2\pi H}$$

针对目前的打算，我们取 $t=1$ 时的数学期望 k 为常数，那么有

$$k=\frac{1}{2\pi H} \quad 或 \quad H=\frac{1}{2\pi K}$$

则概率的最终表达式是

$$p=\frac{1}{2\pi k\sqrt{t}}\exp\left(-\frac{x^2}{4\pi\ k^2 t}\right)$$

数学期望$\int_0^{+\infty} px\,\mathrm{d}x = k\sqrt{t}$ 正比于时间的平方根。

巴切利尔还用另一种方法（通过把价格过程看成随机游走的极限），求出了概率的表达式。

在“概率的扩散”一节中，我们能看到巴切利尔本质上对布朗运动过程的推导。巴切利尔想直接寻找如下概率的表达式：在时刻 t，价格达到或超过 x 的概率。这里，他又用到了以前的一种处理方法，即通过把时间分成很小的区间 Δt，人们可以在每个区间 Δt 内把价格看成以固定的小量 Δx 来变化。

巴切利尔假定，在时刻 t，价格 x_n-2，x_n-1，x_n，x_n+1，x_n+2，…，相差 Δx，其概率分别为 p_n-2，p_n-1，p_n，p_n+1，p_n+2，…。根据时间 t 的概率分布，人们很容易导出 $t+\Delta t$ 时刻的概率分布。例如，假设 x_n 是时刻 t 的报价，在时刻 $t+\Delta t$，报价将是 x_n+1 或 x_n-1。在时刻 t 报价是 x_n 的概率 p_n 分解成两个在 $t+\Delta t$ 时刻的概率。由此价格 x_n-1 的概率是 $p_n/2$，同样的，x_n+1 的概率是 $p_n/2$。如果在 $t+\Delta t$ 时刻报价 x_n-1，那是因为在时刻 t，报价为 x_n-2 或 x_n。因此，$t+\Delta t$ 时刻价格是 x_n-1 的概率是 $(p_{n-2}+p_n)/2$，同一时刻价格是 x_n 的概率是 $(p_{n-1}+p_{n+1})/2$，价格是 x_n+1 的概率是 $(p_n+p_{n+2})/2$ 等。

……

因此，可以说：每个价格 x 在一个单位时间内，变到相邻价格的概率值正比于它们的概率的差。

巴切利尔发现这可以与某些物理理论类比，因此他说上述定律可以称为概率扩散定律。

下面巴切利尔考虑了价格 x 在时刻 t 位于区间 $(x,+\infty)$ 内的概率 P，并估计在 Δt 时间内概率的增长。

令 p 为时刻 t 价格为 x 的概率，则 $p=-\mathrm{d}P/\mathrm{d}x$。在谈到价格 x 在 Δt 内变换时，估计这个概率。即根据刚才所说的，（Δt 时间内概率的增长）有

$$\frac{1}{c^2}\left(p-\frac{\mathrm{d}p}{\mathrm{d}x}-p\right)\Delta t=-\frac{1}{c^2}\frac{\mathrm{d}p}{\mathrm{d}x}\Delta t=\frac{1}{c^2}\frac{\mathrm{d}^2P}{\mathrm{d}x^2}\Delta t$$

其中 c 为常数。

概率的增长也可表示为 $\frac{\mathrm{d}P}{\mathrm{d}t}\Delta t$，那么

$$c^2\frac{\partial P}{\partial t}-\frac{\partial^2 P}{\partial x^2}=0$$

这是傅里叶方程。

这说明，巴切利尔认识到布朗运动过程是热扩散偏微分方程的解。这一点被爱因斯坦于 1905 年重新发现。

最后，我们看一下巴切利尔如何把概率结果应用到股票价格上的。

求在时间 t 内价格达到或超出 c 的概率 P。为了简化问题，巴切利尔假设时间被分成两个单位：如 t 等于 2 天。令 x 是第一天的报价，y 是第二天的价格变化。那么，在目前的研究中，必须区分如下四种情况。

第一天	第二天
x 包括在	y 包括在
$-\infty$，c	$-\infty$，$c-x$
$-\infty$，c	$c-x$，∞
c，∞	$-\infty$，$c-x$
c，∞	$c-x$，∞

后三种情况是有利的结果。

巴切利尔假设价格第一天在区间 dx 中，第二天在区间 dy 中的概率是 $p_x p_y\mathrm{d}x\mathrm{d}y$ 。通过概率的古典定义，即有利结果数与可能结果数之比，所求概率可表示为

$$P=\frac{\int_{-\infty}^{c}\int_{c-x}^{\infty}p_x p_y\mathrm{d}x\mathrm{d}y+\int_{c}^{\infty}\int_{-\infty}^{c-x}p_x p_y\mathrm{d}x\mathrm{d}y+\int_{c}^{\infty}\int_{c-x}^{\infty}p_x p_y\mathrm{d}x\mathrm{d}y}{\int_{-\infty}^{c}\int_{-\infty}^{c-x}p_x p_y\mathrm{d}x\mathrm{d}y+\int_{-\infty}^{c}\int_{c-x}^{\infty}p_x p_y\mathrm{d}x\mathrm{d}y+\int_{c}^{\infty}\int_{-\infty}^{c-x}p_x p_y\mathrm{d}x\mathrm{d}y+\int_{c}^{\infty}\int_{c-x}^{\infty}p_x p_y\mathrm{d}x\mathrm{d}y}$$

分母中的四个积分表示四种可能的情况；分子中的三个积分表示有利的情况。分母等于 1，所以可简化为

$$P=\int_{-\infty}^{c}\int_{c-x}^{\infty}p_x p_y\mathrm{d}x\mathrm{d}y+\int_{c}^{\infty}\int_{-\infty}^{\infty}p_x p_y\mathrm{d}x\mathrm{d}y$$

当假设必须考虑连续的三天或四天……时，可应用相同的推理。

巴切利尔知道，这个方法将导出越来越复杂的表达式，因为有利结果的个数会无限增加。然而研究价格从未到达 c 的概率 $1-P$，却要简单得多。因为，不论有多少天，最后只有一个“有利的”结果，即在所考虑的任何天里价格都达不到 c。概率 $1-P$ 可表为

$$1-P=\int_{-\infty}^{c}\int_{-\infty}^{c-x}\int_{-\infty}^{c-x_3-x_2}\cdots\int_{-\infty}^{c-x_1-\cdots-x_{n-1}}p_{x_1}\cdots p_{x_n}\mathrm{d}x_1\cdots\mathrm{d}x_n$$

其中 x_1 是第一天的价格，x_2 是第二天价格的变化，x_3 是第三天价格的变化等。估计这个积分似乎很难，但是巴切利尔用近似法解决了这个问题。

可以把时间 t 分成小区间，使得 $t = m\Delta t$ 。在单位时间 Δt 内，价格只变动 $\pm \Delta x$ ，这是和单位时间有关的平均价差。每个价差（ Δx ，$-\Delta x$ ）的概率是 1/2。

假设 $c = n\Delta x$ ，求价格在时刻 t 正好是 c 的概率，即在时刻 t 价格第一次到达 c 的概率。在 m 个单位时间内，如果价格变了 $n\Delta x$ ，这是因为有 $(m+n)/2$ 个正变化，$(m-n)/2$ 个负变化。m 个变化中，有 $(m+n)/2$ 个正变化的概率是

$$\frac{m!}{\left[\frac{(m-n)}{2}!\right]\left[\frac{(m+n)}{2}!\right]}\left(\frac{1}{2}\right)^m$$

巴切利尔说，我们求的不是这个概率，而是这个概率与以下比值的乘积：价格在时刻 $m\Delta t$ 第一次到达 $n\Delta x$ 的情况/价格在时刻 $m\Delta t$ 达到 $n\Delta x$ 的所有情况。

下面计算这个比值。

在 m 个单位时间里，价格有 $(m+n)/2$ 个正的变化，$(m-n)/2$ 个负变化。巴切利尔把 m 个单位时间里价格增长了 $n\Delta x$ 的组合用以下符号表示

$$D_1 U_1 U_2 \cdots D_{(m-n)/2} \cdots U_{(m+n)/2}$$

D_1 表示在第一个单位时间里，价格有一个负变化；U_1 表示在第二个单位时间里，有 1 个正变化等。

对于一个有利的组合，从左到右看，必然有 D 的个数总是大于 U 的个数，显然这样又回到了如下问题：

m 个字母中有 $(m+n)/2$ 个 U 字母，$(m-n)/2$ 个 D 字母。随机地写下这些字母，并以事先规定的方式读它们，那么 U 的个数总是大于 D 的个数的概率是多少呢？

这时，巴切利尔直接应用了安德烈（M. André）以前曾给出的一个形式上稍稍不同的解，即所求概率是 $\frac{n}{m}$ 。因此，在 m 个单位时间末，价格首次达到 $n\Delta x$ 的概率是

$$\frac{n}{m}\frac{m!}{\left(\frac{m-n}{2}\right)!\left(\frac{m+n}{2}\right)!}\left(\frac{1}{2}\right)^m$$

这是个近似的表达式。用时刻 t 的准确的概率值，即 $\frac{\sqrt{2}}{\sqrt{m\pi}}\mathrm{e}^{-n^2/m\pi}$ ，替换掉乘

以 $\frac{n}{m}$ 的量，可得到更准确的公式。所以，所求概率是 $\frac{n\sqrt{2}}{m\sqrt{m\pi}}e^{-n^2/m\pi}$，或者，用 $\frac{2c\sqrt{\pi}}{\sqrt{2}}$ 代替 n，用 $8\pi k^2 t$ 代替 m，得

$$\frac{\mathrm{d}tc\sqrt{2}}{2kt\sqrt{t\pi}}e^{-c^2/4\pi k^2 t}$$

这就是价格在时刻 $\mathrm{d}t$ 首次达到 c 的概率。

4.2.3　科学影响

爱因斯坦、皮尔森、维纳和莱维等从自然科学和工程学方面推进了人们对布朗运动（随机游走）的理解，但他们并没有关注其潜在应用领域：股票市场。这不是他们的错，当时对经济学感兴趣的主要是商人和律师，但这些人又不会注意那些数学研究者的成果。确实，朱尔斯·雷格纳特的成果出现于19 世纪 60 年代，亨利·勒菲弗的成果出现于 19 世纪 70～80 年代。然而，尽管他们进行了更加量化的尝试，但当时人们对经济现象的描述仍然主要是用文字，而不是方程。不过，随着会计师的工作在各个经济领域变得越来越重要，数学开始影响经济学研究了。巴切利尔的论文是突破数学和经济学理论限制的首次尝试。

巴切利尔的思想有没有影响了科学的进一步发展呢？关于这一点，有不同的看法。比较传统的看法是，巴切利尔是一位数学奇才，他的卓越见解对随机过程理论的发展没有任何影响，概率论界和金融界完全忽视了他的结果，他的导师们对他评价过低，也许是因为他的论文的题目不吸引数学家。例如，有的人认为其科学影响不大，较为突出的是，世界科学家传记词典方面的权威——《科学传记词典》(*Dictionary of Scientific Biography*)，在介绍巴切利尔时说他没有什么真正的科学影响（“… his studies exerted no real scientific influence”）。有的学者认为巴切利尔的影响主要是在经济学方面，没有提到其数学影响。有的则只简单地说有数学影响，却无具体内容。不过，他的工作的重要价值现在得到了大家的一致认同。

我们通过对文献的研究表明，巴切利尔对数学的发展产生了影响。首先，正如我们前面提到的，由于庞加莱的推荐，巴切利尔的论文发表在最著名的数学杂志之一上，并且被单独出书。很快，他的结果出现在关于应用概率论的一本书上（de Montessus，1908）。这一事实很重要，因为当时没有几本关于概率论的书。他还成功出版了《概率计算》一书。

另外，我们找到一些线索，发现巴切利尔的工作对科尔莫戈罗夫的概率论工作产生了影响。费勒在《概率论及其应用》的一处脚注中说，发现随机徘徊与扩散之间的联系主要归功于巴切利尔。他的工作往往是启发性的，但他也导出许多新结果。科尔莫戈罗夫的马尔可夫型随机过程的理论在很大程度上是以巴切利尔的思想为基础的。特别见巴切利尔 1912 年的《概率计算》[①]。查阅了一些原始文献后，我们发现了一些证据，表明巴切利尔的工作对数学确有影响。他不仅启发了科尔莫戈罗夫，而且还被伊藤所注意。

下面，我们就来看看科尔莫戈罗夫和伊藤的著述。1931 年，科尔莫戈罗夫发表了一篇题为“论概率论中的分析方法”（*On analytical methods in probability theory*）[②] 的论文。科尔莫戈罗夫首先定义了“随机决定的过程”：一个物理过程（某一物理系统的变化）被称作随机决定的，如果知道系统在某一时刻 t_0 的状态 X_0，我们也就知道了这一系统在时刻 $t>t_0$ 所有状态 X 的概率分布。然后在简介文章内容时，说道：“据我所知，巴切利尔是第一个系统研究概率 P 随时间连续变化的情形。”此处，科尔莫戈罗夫在脚注中列举了巴切利尔的两篇文章和一本著作：①《投机理论》（1900）；②《多变量的概率》（1910）；③《概率计算》（1912）。这些无疑表明，科尔莫戈罗夫不仅知道巴切利尔的在 1900 年发表的文章，而且深入研究了巴切利尔的工作。

科尔莫戈罗夫的这篇文章一共 4 章，有 19 节。第 16 节研究了巴切利尔曾研究过的一个情形，这是因为，“巴切利尔的构造从数学上并不严格”。例如，科尔莫戈罗夫说，巴切利尔发现了形如 $\frac{\partial v}{\partial t}=-A(t)\frac{\partial v}{\partial z}+B^2(t)\frac{\partial^2 v}{\partial z^2}$ 的方程，但是严格说来，并没有证明。大致说来，科尔莫戈罗夫作了庞加莱对巴切利尔的评论中建议作的工作：广泛发展了连续马尔可夫过程的解析方法。因此，科尔莫戈罗夫的这篇文章表明，他至少受到了巴切利尔工作的启发。

其他一些书上也有迹象表明巴切利尔的影响。如伊藤和麦基恩（H. McKean）的《扩散过程及其样本路径》[③] 就是一个证据。

伊藤在前言中首先回顾了布朗运动的发展概况。他详细列出了巴切利尔得到的几个公式，并说道：“巴切利尔还指出，布朗路径的马尔可夫性质，这表示为

---

①费勒．概率论及其应用．刘文，译．北京：科学出版社，1979：355.

②Shiryayev A N. Selected Works of A. N. Kolmogorov. Dordrecht：Kluwer Academic Publishers，1992.

③Ito K McKean H. Diffusion Processes and Their Sample Paths. New York：Springer-Verlag，1970.

$$P_a[a_1 \leqslant x(t_1) < b_1, a_2 \leqslant x(t_2) < b_2, \cdots, a_n \leqslant x(t_n) < b_n]$$

$$= \int_{a_1}^{b_1}\int_{a_2}^{b_2}\cdots\int_{a_n}^{b_n} g(t_1, a, \xi_1) g(t_2 - t_1, \xi_1, \xi_2) \cdots g(t_n - t_{n-1}, \xi_{n-1}, \xi_n) \mathrm{d}\xi_1 \mathrm{d}\xi_2 \cdots \mathrm{d}\xi_n$$

其中，$0<t_1<t_2<\cdots<t_n$”。注意，此时伊藤所标注的出处仍是巴切利尔 1900 年的论文《投机理论》。

伊藤认为，巴切利尔没能得到布朗运动的清晰的图景，他的思想当时不被理解，这并不奇怪。因为布朗运动的精确定义需要路径空间上的测度，这得到 1909 年博雷尔发表关于伯努利试验的经典论文才出现。但是一旦博雷尔、勒贝格和丹尼尔的思想出现，就可能把布朗运动置于坚固的数学基础之上。这是由维纳于 1923 年完成的。伊藤指出，维纳给出了满足上式的非负博雷尔测度的存在性，这个结果为巴切利尔的叙述增加了精确的含义，即布朗路径是连续的。

由此可见，伊藤深刻理解巴切利尔工作的意义，并且认为这项工作在布朗运动的数学理论发展过程中占有重要地位。

我们知道，科尔莫戈罗夫和伊藤都是概率论历史上的重要人物，前者实现了概率论的公理化，给出了概率论坚实的数学基础，后者创建了重要的概率分支——随机分析学。另外，通过我们对巴切利尔工作的分析，可以看出其中包含了大量随机过程理论的思想和结果。由此可见，巴切利尔的工作不仅在布朗运动的历史上，而且在随机过程的理论发展史上都占有重要的地位。

除此之外，巴切利尔的工作还对经济学有着重大意义。在《投机理论》发表半个世纪后，经济学家们发现其工作的重要性，从而开创了理论金融经济学新时代。

20 世纪 50 年代以来，经济学研究上的最大变化是它的数学化。在过去的十几年中，经济学数学化的最大成就是金融经济学的数学化。所谓“金融经济学”在国际上通常是指研究证券交易的经济学。证券交易是市场经济中最重要的交易。现在，人们都知道，经济景气的最重要的晴雨表已不再是那些年度的产值、产量之类的统计公报，而是那些每天都出现在报纸、电视广播中的股市行情、期货牌价、证券指数等①。

金融经济学所研究的中心问题正是各种有价证券（股票、债券、公债、票据等）及其衍生物（期权、期货等）的定价问题。长期以来，证券是否有一种内在的定价机制一直是金融经济学界争论的问题。因此，早年在金融经济学中数学

①21 世纪初科学发展趋势课题组．21 世纪初科学发展趋势．北京：科学出版社，1996.

的作用也只局限于一些简单的统计分析。

到了20世纪60年代末，金融经济学的数学模型在莫迪利亚尼（Modigliani）、米勒（Miller）、马科维茨（Markowitz）、夏普（Sharpe）等的研究下形成了良好的基础。这些数理经济学家后来都因此获得了诺贝尔经济学奖。

1973年，金融经济学出现了重大突破。那就是布莱克（Black）和斯科尔斯（Scholes）为期权定价（option pricing）提出了今天极为著名的布莱克-斯科尔斯公式。他们从证券价格的随机模型出发，用几何布朗运动导出了期权定价公式。这是金融经济学一项重大突破。这一理论不但在金融界，甚至在工业界的各个领域都有着广泛应用。以此为契机，一门以随机分析为主要研究手段的跨学科数学分支——“数理金融学”（mathematical finance）在随机分析专家的积极参与下诞生了。这一新分支在金融市场、资本投资决策问题及保险业的风险理论中已获得成功的实际应用，受到金融界和工业界的重视，目前正处于一个蓬勃发展的时期。至此，源于布朗运动的理论金融经济学（数理金融学）的大厦（体系）就完全成形①。

无论怎么强调巴切利尔这篇论文的革命性突破都不为过。概率论是他分析股票市场的基础，但在世纪之交以前，概率论实际上被数学家忽略了。除了一些赌徒通过他们自己的实验来验证概率计算的准确性之外，没有人真正相信它在实际生活中有什么合适的应用。即便是庞加莱，这位在巴黎综合理工学院教概率论的教授，也仅仅给它以不冷不热的支持。该理论直到20世纪30年代才被认可。但巴切利尔早在1900年便不甘沉寂：“人们会看到，这个理论——在概率计算的帮助下——能够解决投机者所想到的大部分问题。”显然，巴切利尔的思想远远领先于他所处的时代。

①杨静，徐传胜，王朝旺．试析巴夏里埃的《投机理论》对数学的影响．自然科学史研究，2008.27：94-104.

第 5 章　布朗运动的严格数学理论的创立

蒂勒、巴切利尔、爱因斯坦、斯莫鲁切夫斯基和朗之万等都描述过布朗运动，但按照今天的标准来看，他们的工作都不够严密。他们不仅没有给出这一不规则运动的数学描述，甚至没人从严格的数学角度来定义究竟什么是布朗运动。在布朗运动的数学理论发展的历程中，维纳是一个关键人物。他第一个给出了布朗运动的严格的数学理论，并作出了一系列的工作，促进了布朗运动数学理论的发展。为了纪念他，物理学上所称的布朗运动的数学模型常被称为维纳过程。

5.1　维纳生平①

1894 年 11 月 26 日维纳生于密苏里州的哥伦比亚。他的父亲列奥·维纳是语言学家，又有很高的数学天赋，出生于俄国，13 岁就会好几种语言，18 岁移居美国；他刻苦自学，凭掌握 40 多种语言的才能，成为哈佛大学斯拉夫语教授。列奥·维纳对儿子寄予厚望，希望他在学术上有所成就。

维纳是一个名副其实的神童。维纳的父亲列奥很早就发现了儿子的天赋，并意识到借助于环境进行教育的重要性，他从一开始学习就对维纳实施严格的教育计划。维纳三岁半开始读书，生物学和天文学的初级科学读物成为他在科学方面的启蒙书籍。七岁时，开始深入物理学和生物学的领域，甚至超出了他父亲的知识范围。

维纳怀有强烈的好奇心，而他父亲则用严厉的态度坚持实施以数学和语言学为核心的教学计划。在这种严格的训练下，他的数学长进显著。

父母几次设法送他到学校去受教育，但不寻常的智力和训练使维纳在学校里很难适应。他的阅读远远地走在书写的前面，他刻苦地学习并掌握了初等数学，但仍需要扳着手指做算术。直到 9 岁时，才作为一名特殊的学生，进了艾尔中学，不满 12 岁就毕业了。

1906 年维纳被父亲送进塔夫茨学院数学系就读，他用三年时间读完了大学课程，于 1909 年春毕业。之后维纳开始攻读哈佛大学研究院生物学博士学

①杨静，唐泉．维纳和布朗运动．数学的实践与认识，2008，38（10）：162-169.

位，然而由于他动手能力差，并且缺乏从事细致工作所必需的技巧和耐心，同时深度近视给他增添了不少麻烦，所以他不得不转学到康奈尔大学去学哲学，第二年又回到哈佛，开始研读数理逻辑，并在18岁获哈佛大学哲学博士学位。

在哈佛的最后一年，维纳从学校申请到了旅行奖学金，先后留学于英国剑桥大学和德国哥廷根大学，在罗素、哈代、希尔伯特等著名数学家指导下研究逻辑和数学。

维纳研究布朗运动的契机，源于他和数学家巴尼特（I. A. Barnett，1894—1974）的交往，这件事对维纳的科学生涯影响很大。1919年夏天，青年数学家巴尼特拜访维纳，巴尼特是穆尔（E. H. Moore，1862—1932）过去的学生，当时维纳开始从事泛函分析的研究，而巴尼特在这方面训练有素，维纳请他给自己建议一个合适的题目，于是巴尼特向维纳建议研究函数空间的积分问题。

按照巴尼特的建议，维纳开始认真地尝试，经过两年的工作，最终解决了这个问题。其间，他首先研究了勒贝格积分，想推广勒贝格的思想。一个名叫加托的年轻法国人曾写过一篇这方面的论文，但未得到满意的结果。英国学者丹尼尔（P. T. Daniel）的一些论文对这个问题也有所提示，丹尼尔的工作比加托令维纳感到满意。不过，维纳认为丹尼尔的工作没有特别涉及曲线族。

不久，维纳在《伦敦数学协会汇刊》里看到泰勒（G. I. Taylor）写的一篇关于湍流理论的论文（1920）。这篇论文同维纳的兴趣密切相关，因为气体微粒在湍流中的路径是曲线，所以泰勒论文的物理结果包括这些曲线族的平均或者积分。维纳觉得泰勒的这篇文章非常重要。因为他当时曾试图以湍流作为巴尼特问题的模型。另一方面，泰勒在该文中建立了函数及其导数间的一种相关性，这启发维纳后来在广义调和分析中引进了自相关和互相关函数。

有泰勒的论文作后盾，维纳开始越来越多地考虑关于曲线平均理论的物理可能性。然而，维纳以湍流作为问题模型的想法未能实现，因为湍流现象实在太复杂了，无法直接从它来着手。这促使他去寻找较简单的模型，他想到了布朗运动。他对布朗运动进行了这样的描述：

“设想在一块场地上有一只推球①，场地上有一群人转来转去。人群中每个人都将跑向这推球，把它推来推去。有人把它朝一个方向推，也有人把它

①一种把直径约有六英寸的很重的球推进对方球门的游戏。

朝另一个方向推，这些推动很可能是平衡的。然而，尽管这些推动是平衡的，但事实仍然是球是被每个人推动，平衡只是近似的。因此，随着时间的推移，这球将在场地上滚来滚去，就像我们已经提到过的醉汉那样，将有一种不规则的运动，其中将要发生的同过去已经发生的几乎没有什么关系。

现在来考虑流体的分子，不管是气体的分子还是液体的分子，这些分子将不会静止，而是像人群中的人那样做随机的不规则运动。这运动将随着温度升高而变得越趋活跃。我们假想，把一个小球放进这流体，它可以被分子推动，酷似推球被人群推来推去。如果这球极其小，我们无法看到它，而如果它极其大，悬浮在流体中，则流体的微粒同这个球的碰撞最终将非常平衡，以至观察不到什么运动。不过有个中间范围存在，在这个范围内球大到足以看得见，小到足以在显微镜下表现出不停地做不规则运动。表明分子的不规则运动的这种扰动称为布朗运动。它最初是18世纪的显微镜学家观察到的，他们把这看成在微观领域中一切足够小的粒子的普遍的运动。”

由于罗素的建议，维纳曾阅读过爱因斯坦在1905年发表的那三篇论文。爱因斯坦的论文是研究做布朗运动的粒子的统计行为。维纳则企图研究单个粒子的运动路径，或者更确切地说，是要研究这些路径的总体。每条路径都用函数空间中的一个点来表示。他指出，几乎所有这样的路径都是连续的，但却是不可微的。他还计算了在路径的总体集合上定义的泛函的平均值。维纳把他在积分理论中已经做过的工作运用于布朗运动，并取得了相当大的成功。

然而，由于当时美国数学界的领袖人物的研究兴趣并不在此，所以维纳的工作在数学界没有引起任何轰动。无论是维纳还是别人，都不知道他的这项工作会有深远的意义。所有这一切，都要到若干年之后才被认识到。1964年，卡茨（M. Kac）说过这样一段话，“在过去20年中，数学家一直在进行统计过程理论的丰富多产的研究，这种理论也就是对那些在时间上连续发生的现象的概率分析。统计过程来源于物理学、天文学、经济学、遗传学、生态学及许多其他的科学领域。统计过程的最简单并且也是最著名的例子就是粒子的布朗运动。1921年，维纳提出了以气体路径集合上的测度论为基础建立布朗运动理论的思想。业已表明，这一思想对于概率论是极富成效的。它不仅给老问题注入了新生命……更重要的是开辟了崭新的研究领域，提示了概率论和其他数学分支之间引人注目的联系”。①

①莱文生．维纳传．李文林，译// 中国科学院自然科学史研究所数学史组．数学史译文集续集．上海：上海科学技术出版社，1985.

维纳还在巴拿赫空间、概率论、位势分布和广义调和分析等理论取得重大成果，并将傅里叶积分的理论应用于电路设计工作。第二次世界大战期间，他从防空火力控制和雷达噪声滤波问题出发，建立起维纳预测和滤波理论。20世纪40年代后期，他将先前在数学、通信工程、自动控制、计算技术和神经生理等方面的成就综合在一起，于1948年出版了《控制论》一书，标志着控制论的创立。控制论提出了划时代的崭新思想方法，对人类思维和科学研究产生了广泛而深远的影响。

维纳曾应邀到世界各地访问讲学，先后当选为美国国家科学院院士和美国数学会副会长，并荣获美国数学会设立的博歇奖和总统颁发的美国国家科学奖。其中，1935～1936年，清华大学聘请维纳为访问教授，他对当时清华大学数学系、电机系的教学和科研起了推进作用，并和华罗庚等数学家结下了深厚的友谊。

1964年3月18日，维纳在瑞典的斯德哥尔摩由于心脏病发作而逝世。

5.2 维纳的一系列工作

我们知道，爱因斯坦和斯莫鲁切夫斯基两人已经有关于布朗运动的奠基性论文，但这些文章都是关于任一给定微粒在一特定时刻的行为或者许多微粒的长时间的统计，而没有涉及单个微粒所遵循的曲线的数学性质。

在维纳开始研究布朗运动的时候，这方面的文献寥若晨星。除了爱因斯坦的文章，法国物理学家佩兰的著述也启发了维纳。在维纳的许多著作中都能看到他提到佩兰的工作，或多处引用佩兰的评论。佩兰在他的《原子》一书中有一段评论，他说，实际上布朗运动中微粒所遵循的那些非常不规则的曲线，引导人们想起数学家所假想的那种连续的不可微分的曲线。佩兰之所以称这运动是连续的，是因为这些微粒从来不跳过一个间隙，所以称之为不可微分的，是因为它们似乎任何时候都没有一个很确定的运动方向。

当然，在物理学的布朗运动中，微粒不会真的由于同分子相碰撞而受到一种绝对不断的作用，而是在一次碰撞同下一次碰撞之间有短暂的间隔。然而，这些间隔太短了，用任何通常的方法都观察不到。因此，自然就可以把布朗运动理想化，似乎这些分子在大小上无限小，而把碰撞描述为连续的。维纳研究的正是这种理想化的布朗运动，而且维纳发现，它是真实布朗运动的那些自然性质的一个绝妙的代表。而且，这样来表述布朗运动，可获得一个高度完美的形式理论。在这理论的指引下，维纳能够证实佩兰的猜测，并证明除了零概率情形的集，一切布朗运动都是连续的、不可微分的曲线。

维纳在布朗运动这一领域写下了一系列重要论文，其中1923年的《微分空间》一文是布朗运动的数学理论的历史上的里程碑。下面我们就来介绍一下维纳的相关工作。

从1920年开始，维纳发表了一系列论文，致力于布朗运动的数学分析化。它们分别是：①《任意元的泛函的平均值》(*the mean of a functional of arbitrary elements*，1920)；②《解析泛函的平均》(*the average of an analytic functional*，1921)；③《解析泛函的平均与布朗运动》(*the average of an analytic functional and the Brownian movement*，1921)；④《微分空间》(*differential space*，1923)；⑤《泛函的平均值》(*the average value of a functional*，1924)。这5篇文章主要致力于严格证明存在支配布朗运动过程的概率定律，因此，布朗运动过程现在也称为维纳过程。

过去人们认为布朗路径受概率定理支配，而且路径似乎应该是连续的。问题是要构造和分析一个严格的数学模型。在科尔莫戈罗夫把概率论严密化前十多年里，维纳构造了布朗运动的数学模型，其中最根本的概率是定义在连续空间的子集上的测度值。从此这个测度通常称为"维纳测度"。固定好一个时间起点和空间中的方向，令 $x(t)$ 为布朗微粒在时刻 t 位置的指定方向的一个分量，那么 $x(0)=0$。由于技术上的原因，把 t 限制在紧区间上比较便利。这样，维纳就考虑 $[0, 1]$ 上的连续函数组成的空间 C，其中函数在0取值为0，他还定义了 C 的子集的测度（基于丹尼尔积分）。位置函数的任何性质的概率都和有这个性质的子集的测度有关。C 的子集的维纳测度有如下性质(这里，如果 ω 是 C 中的一个元素，那么 $X(t, \omega)$ 是 ω 在 t 的值)：

(a) C 的测度是1。

(b) 函数 $X(t, \cdot)$ 是 C 上的随机变量（可测函数），$X(t_2, \cdot)-X(t_1, \cdot)$ 具有高斯分布，其平均值为0，均方值是 $\alpha|t_2-t_1|$，其中 α 是一个给定的严格正参数。

(c) 如果 $t_0<\cdots<t_n$，那么 $X(t_1, \cdot)-X(t_0, \cdot)$，…，$X(t, \cdot)-X(t_{n-1}, \cdot)$ 相互独立。

从 C 的定义知，t 在这里限制在区间 $[0, 1]$ 上，但是，如果愿意，一个小小的变换就可得出连续函数空间在 $[0, +\infty)$ 或 $(-\infty, +\infty)$ 上的测度，其中函数在0取值为0，且对于相关的参数值满足性质 (a)，(b)，(c)[①]。

①Doob J L. Wiener's work in probability theory. Bulletin of the American Mathematical Society, 1966, 72 (1): 69-72.

下面，我们来看看这些文章之间的联系。

在文章（1）中，维纳漂亮地改写了丹尼尔的工作。丹尼尔曾发现，本质上勒贝格开始于一个积分 $\int$，为了方便，它定义在“初等函数”类 $\mathcal{L}$ 上（如阶梯函数或连续函数），然后用这些元素建立一个大得多、数学上更漂亮的函数类 $\bar{\mathcal{L}}$，然后推广积分，这样 $\bar{\mathcal{L}}$ 上推广的积分 $\bar{\int}$ 有更多的性质。丹尼尔给出了几个公设，从理论上论证了勒贝格的方法。他考虑了系统（$\mathcal{L}$，M），其中 $\mathcal{L}$ 是集合 X 上 f，g 等实值函数的向量空间，即 f，$g\in\mathcal{L}$，a，$b\in\mathbf{R}$，意味着 $af+bg\in\mathcal{L}$，其中 $\mathbf{R}$ 是实数集，M 是从 $\mathcal{L}$ 映到 $\mathbf{R}$ 的函数，具有初等积分的性质。丹尼尔使（$\mathcal{L}$，M）服从几个简单但精心选择的公设，并证明扩张（$\bar{\mathcal{L}}$，$\bar{M}$）的存在性，其中 $\bar{\mathcal{L}}$，$\bar{M}$ 具有成熟的勒贝格积分的深奥特征①。

维纳则给出了某个给定抽象空间的加权剖分序列相容的一个条件，来确定 σ-可加概率测度或一个平均运算。这只是用测度的语言描述的丹尼尔抽象积分理论。但是，在定义具体的测度时它更方便，而且它是从有限可加测度到 σ-可加测度的所谓扩张定理的原型。三个例子解释了这个定理的用处。在最后一个例子中，他讨论了对 Hölder 连续函数的某一平均运算。虽然这里没有提到布朗运动，但是由他进一步的研究，我们可以想象到，他在此文中致力于此②。

在文章（2）中，维纳用（古典形式的）中心极限定理解释了，假设布朗粒子在任一时间段的位移满足高斯分布是自然的结果。从这个考虑开始，他得到了粒子在时刻 x_1，…，x_n 的位置的联合分布 $\mu_{x_1\cdots x_n}$。下列类型的泛函 F_n 的平均值 $A(F_n)$ 称作 n 阶解析泛函：

$$F_n(f)=\int_0^1\cdots\int_0^1 f(x_1)\cdots f(x_n)\mathrm{d}\psi_n(x_1,\cdots,x_n)$$

平均值 $A(F_n)$ 定义为

$$A(F_n)=\int_0^1\cdots\int_0^1\int_{-\infty}^{\infty}\cdots\int_{-\infty}^{\infty}y_1\cdots y_n\mathrm{d}\mu_{x_1\cdots x_n}(y_1,\cdots,y_n)\mathrm{d}\psi_n(x_1,\cdots x_n)$$

在某些条件下，由 $A(F)=\sum_n A(F_n)$，这可以推广到解析泛函 $F=\sum_n F_n$ 的平均值 $A(F)$。A（F）显然是关于维纳测度的 F 的积分，后来第 4 篇文章证明了它的存在性。本文是到达他的目标的中间一步。

①Masani P R，Wiener N. Norbert N Wiener，1894～1964. Boston：Birkhäuser，1990.

②Ito K. Commentary//Masani P. Norbert Wiener：Collected Works with Commentaries. Cambridge：MIT Press，1985：513-519.

在文章（3）中，维纳的目的是，利用第 2 篇文章的结果来证明如下实验事实：液体中一个粒子的位移的平方的均值正比于时间。维纳假设，粒子的动量的增量是通过液体的分子运动引起的随机碰撞的超位置，以及液体的黏性引起的摩擦力而得到的。物理学家知道这一思想，体现在 1908 年给出的朗之万模型中，但是维纳没有提到它。因为假设在不同时刻碰撞是独立作用的，所以维纳把它们在无限小区间内的效果等同于文章（2）中引进的布朗运动的增量。然后他证明，直到时间 t，粒子的位移的平方是布朗运动的 2 阶解析泛函。把（2）中的公式应用到这个泛函，证明了这个泛函的平均值几乎正比于 t[①]。总之，维纳应用维纳测度得到了布朗运动的一个更准确的模型，奥恩斯坦（L. S. Ornstein，1880～1933）和乌伦贝克（G. E. Uhlenbeck）重新发现了这一模型。

1930 年奥恩斯坦和乌伦贝克建立了布朗运动的动力学理论。设布朗运动粒子在某一坐标方向的瞬时速度为（$V(t)$，$t\geqslant 0$），则由牛顿定律，$V(t)$ 满足如下的朗之万方程：

$$V(t) = -\beta V(t) + f(t)$$

其中 $-\beta V(t)$ 为摩擦力(阻力)，$f(t)$ 为随机力。随机力是周围液体分子对粒子随机碰撞产生的合力。此方程的解为

$$V(t) = V_0 \mathrm{e}^{-\beta t} + \int_0^t \mathrm{e}^{-\beta(t-s)} f(s)\,\mathrm{d}s$$

由统计物理知，当 $t\to\infty$ 时 $V(t)$ 趋于麦克斯韦分布，于是 $E|V(t)|^2 \to \dfrac{kT}{m}$。由此推知 $f(t)$ 可用“白噪声”$\sqrt{\dfrac{2kT\beta}{m}}\dot{B}(t)$ 来近似，这里 $\dot{B}(t)$ 是 $B(t)$ 的“微分”，于是有

$$V(t) = V_0 \mathrm{e}^{-\beta t} + \sqrt{\frac{2kT\beta}{m}} \int_0^t \mathrm{e}^{-\beta(t-s)}\,\mathrm{d}B_s$$

这一高斯过程称为奥恩斯坦-乌伦贝克过程。这一布朗运动模型更接近于物理现实。令 $X_t = X_0 + \int_0^t V(s)\,\mathrm{d}s$，则($X_t$）是布朗运动的位置过程。由于 β 的数量级是 $10^8 \sim 10^{10}$，可以证明(X_t）与参数为 $\dfrac{2kT}{m\beta}$ 的维纳过程很近似。这

①Mandelbrot B B. Louis Bachelier//The New Palgrave：Finance. London：The Macmillan Press Limited，1989：86-88.

从理论上说明了爱因斯坦关于布朗运动的统计描述的正确性①。

维纳的第 4 篇文章《微分空间》是随机过程理论中最重要的著述之一。在测度和积分的基础上建立概率论的思想可追溯到博雷尔，1909 年，他用勒贝格测度的语言证明了(古典形式的）强大数定律。然而，为了讨论随机过程，我们需要函数空间上的测度和积分理论。在 20 世纪 20 年代，这十分困难，除了维纳，其他数学家只讨论有限联合分布。为了讨论依赖一个随机过程的整体轨道的泛函平均值，他们不加证明地把它定义称一列近似泛函的平均值，这些近似泛函依赖有限个时间点。维纳通过把平均值定义成丹尼尔积分，从而把布朗运动理论建立在一个坚固的基础上。虽然他在文中研究了布朗运动，但是他的方法成为现代随机过程理论的一个典范②。

让我们回顾一下这篇文章的内容。

我们知道，爱因斯坦曾假设，存在一个正数 τ，使得时间 τ 内为……与可观察的时间段相比十分小，但是……粒子在连续时间段 τ 内的运动……是相互独立无关的现象。从这个前提，爱因斯坦推导出的结果是，不相交时段内的位移服从正态分布，“均（方）位移与时间的平方根成正比”。

和爱因斯坦不一样，维纳关心的是“一个粒子所走曲线的数学性质”。因此，他给出了一个理想的布朗运动，其中爱因斯坦的条件对所有正时段 τ 都成立。维纳可以应用文章（1）中证明的定理到这个理想的布朗运动，“真正布朗运动的天然性质的出色代用品”。

维纳构造出的 d-维随机过程（B_t）具有如下性质：①过程的轨道连续；②对 $t_0 < t_1 < \cdots < t_n$，增量 $B_{t_1} - B_{t_0}$ ，…，$B_{t_n} - B_{t_{n-1}}$ 相互独立；③ $B_t - B_s$ 服从参数为 $|t-s|$ 的正态分布。如果 $B_0 = x$，则称（B_t）为从 x 出发的（标准）布朗运动或维纳过程。可以证明维纳过程的几乎所有轨道是处处不可微的③。

受莱维工作的影响，维纳引入了“微分空间”的概念，现在称为维纳空间。微分空间是 [0，1] 上所有连续函数构成的空间 C，在 0 点消失，按后面的形式定义了 C 上测度 μ_n 的某一理想极限：使 $a_i < f\left(\frac{i}{n}\right) - f\left(\frac{i-1}{n}\right) < b_i$ ，

①严加安．随机分析学简介//程民德．中国数学发展的若干主攻方向．南京：江苏教育出版社，1994：376-395.

②莱文生．维纳传．李文林，译// 中国科学院自然科学史研究所数学史组．数学史译文集续集．上海：上海科学技术出版社，1985.

③Doob J L. Wiener’ s work in probability theory. Bulletin of the American Mathematical Society, 1966，72 (1)：69-72.

$i=1, 2, \cdots, n$ 的 $f\in C$，构成的集合的测度 μ_n 是，球 $\sum_{i=1}^{n} x_i^2 = r^2$（$r$=正常数）上 $a_i < x_i < b_i$ 集合的正规球测度。当 $n\to\infty$ 时，μ_n 的理想极限是维纳测度，后面将给出它的严格定义。这就解释了布朗运动和微分空间本质上一样。显然，使

$$\sum_i \left[f\left(\frac{i}{n}\right)-f\left(\frac{i-1}{n}\right)\right]^2 = r^2$$

的 f 的集合的测度 μ_n 是 1。文章实质上证明了，当 $n\to\infty$ 时，这个方程的左边在微分空间上几乎处处趋于 r^2。维纳声称，这将是著名物理学家佩兰所说的布朗粒子轨道的不可微性的数学证明。维纳和佩雷（R. E. A. C. Paley）、齐格蒙德（A. Zygmund）① 给出了这一事实的严格证明，甚至更强的一个结果。

文章的第 7 节本质上证明了，微分空间中几乎所有函数是阶数小于 1/2 的 Hölder 连续函数。为了做到这一点，维纳首先证明了随机游走方面的近似结果，然后通过归纳得到布朗运动的事实，最后证明了，$\{f \in C: \max_{s\leqslant t\leqslant s+\delta}(f(s)-f(r)) > C)\}$ 的测度是 $\{f \in C: f(r+\delta)-f(s) > C\}$ 的测度的 2 倍。在这个证明中，我们可以发现 Kac 不变原理的原型。关于 Hölder 连续性的更令人满意的证明由维纳、佩雷和齐格蒙德在 1933 年的文章中给出。

在文章的第 8，9 节中，定义解析泛函的平均值的方式和文章(2) 一样。

从各个方向研究了微分空间后，维纳用丹尼尔的积分理论把维纳测度定义成 σ-可加概率测度。一旦完成了这一点，上面探索式的观察就变成了严格的证明。

在文章的第 10 节中，维纳证明，如果 $\left\{\psi_k(x) \equiv \int_x^1 \varphi_k(y)\mathrm{d}y,\ k = 1,2,\cdots,n\right\}$ 是 L^2 [0，1] 上的标准正交系，那么 $\int_0^1 \varphi_k(x)f(x)\mathrm{d}x$，$k=1, 2, \cdots, n$ 独立同分布，分布是高斯分布。由形式应用分部积分，有

$$\int_0^1 \varphi_k(x)f(x)\mathrm{d}x = \int_0^1 \psi_k(x)\mathrm{d}f(x)$$

维纳后来的工作定义了上式的积分，称为（一阶的）维纳积分，$\psi_k \in L^2[0, 1]$，它在布朗运动理论中起了重要作用。令 $\psi_k = \cos(k\pi x)$，维纳得到了傅里叶展开

---

①Paley R E A C，Wiener N，Zygmund A. Notes on random functions. Math. Z，1932，37：647-668.

$$f(x) = a_0 + \sum_{n=1}^{\infty} a_n \cos(n\pi x)$$

a_0，a_1，…，a_n 是独立同高斯分布。他后来关于布朗运动的工作中用到了这个展式。在这一点提到了微分空间上泛函的厄米特展开。角谷静夫(S. Kakutani) 在证明布朗运动流的 σ－勒贝格性质时用到了这一展式。

尽管布朗运动的轨道处处不可微，维纳还是定义了平方可积函数关于布朗运动的积分，设(B_t) 为一维标准布朗运动，f 为(0，T)上的阶梯函数，即

$$f(t) = \sum_{i=0}^{n-1} c_i I_{(t_i, t_{i+1})}(t)$$

其中 $0 = t_0 < t_1 < \cdots < t_n = T$，则令

$$(f.B)_T = \int_0^T f(s)\mathrm{d}B_s = \sum_{i=1}^{n-1} c_i (B_{t_{i+1}} - B_{t_i})$$

于是 $E(f.B)_T = 0$，$E(f.B)_T^2 = \int_0^T f(s)^2 \mathrm{d}s$。从而映射 $f_1 \mapsto (f.B)_T$ 可以等距扩张为 L^2（(0，T)）到 L^2（Ω，$\mathscr{F}$，P）中的线性映射。我们称（$f.B$)$_T$为维纳积分，记为 $\int_0^T f(s)\mathrm{d}B_s$。这是一均值为零、方差为 $\int_0^T f(s)^2 \mathrm{d}s$ 的高斯随机变量。如果 T 变动，则我们得到一随机过程 $f.B$，它是维纳不定积分①。

维纳的这篇论文是研究布朗运动的一个里程碑，他把这一学科置于坚实而广泛的基础上。因为布朗运动几乎所有的样本路径都是连续的，所以 $\{W(t)\}$ 的概率分布定义在连续函数空间上面。这样得到的测度空间恰好就是维纳空间②。此后由维纳及其他许多数学家进一步加以发展，并且应用到更一般的自然科学领域。

实际上，用这种办法维纳发现了其他领域中许多有趣的问题。事实上，由于对脑波的研究导致维纳将他的结果应用到布朗运动的非线性泛函上去，甚至导致他讨论它们的分析工作。在维纳有关工程通信理论的工作上，也可发现类似的做法，其中由于噪声(noise) 所产生的扰动，因而导致随机过程的预测理论之产生。其次，由于讨论布朗运动的流（flow)，使他对遍历论也做出伟大的贡献。总之，他创始了一支新的数学——无穷维函数空间上的分析学。对这支新数学的进一步研究启迪了近代分析学的发展。

在第 5 篇文章中，维纳给出了维纳测度的存在性证明，从逻辑观点看这

---

①费勒．概率论及其应用．刘文，译．北京：科学出版社，1979：355.

②Kahane J P. A century of interplay between Taylor series，Fourier series and Brownian motion. Bulletin of London Mathematical Society，1997，29：257-279.

比较令人满意。

维纳能够成功地严格定义布朗运动，主要在于他观察到，维纳测度以任意高的百分比集中在一个紧的连续函数族。这一思想，现在称为紧密性，成为现代概率测度论的基础，普罗霍夫(Prohorow) 创始的这一理论，由萨佐诺夫(W. Sazonov)、格罗斯(L. Gross)、盖尔范德 (I. M. Gelfand) 和闵洛斯(R. A. Minlos) 等发展。

在 20 世纪 30 年代，通过把空间 H 映射到区间 $[0,1]$，使对应于 B 的集合的勒贝格测度等于 B 的维纳测度，维纳把布朗运动的特点归结为随机过程 $\{X(t,\alpha): t\in[0,1], \alpha\in[0,1]\}$，满足以下条件：①增量 $X(b,\cdot)-X(a,\cdot)$是满足正态分布的随机变量，平均值为 0，方差为 $\sigma^2(b-a)$，即

$$\int_0^1 |X(b,\alpha)-X(a,\alpha)|^2\mathrm{d}\alpha=\sigma^2(b-a), \quad \sigma=\text{常数}$$

这是对爱因斯坦方程的抽象阐述；②对不重叠区间 $[a,b]$，$[c,d]$，增量 $X(a,\cdot)-X(b,\cdot)$ 与 $X(c,\cdot)-X(d,\cdot)$ 随机独立。等价地，我们可以把它看成过程，其中 $X(t,\cdot)$ 正态分布，平均值等于 0，并且使得

$$\int_0^1 X(s,\alpha)X(t,\alpha)\mathrm{d}\alpha=s\wedge t, \quad s, t\in[0,1]$$

其中 $s\wedge t$ 表示 s 与 t 的极小值。

维纳证明，对于 $[0,1]$ 中的几乎全部 α，轨道 $X(\cdot,\alpha)$ 处处连续，但处处不可微，因此证实了佩兰微观观测暗示的东西。对于 $L_2[a,b]$ 上的任意 f，维纳能定义“斯蒂尔切斯”型积分

$$g(\cdot)=\int_a^b f(t)\mathrm{d}X(t,\cdot), \quad \text{在 } [0,1] \text{ 上}$$

并能阐述这样得到的新随机变量 $g(\cdot)$ 的优美性质。因此，维纳开创了概率论的全新领域，我们现在称为随机分析。这些工作出现在维纳与佩雷、齐格蒙德合作的著述中①。

在 1934 年出版的《复域上的傅里叶变换》中，最后两章全部是用来处理被命名为“基本的随机函数”的维纳过程，这些是维纳写的。书中以不同而十分优美的方式定义了 $X(t,\omega)$：$X(t,\cdot)$ 是单位区间上有勒贝格测度的函数，具有性质：①C 的测度是 1；②函数 $X(t,\cdot)$ 是 C 上的随机变量（可测函数），$X(t_2,\cdot)-X(t_1,\cdot)$ 的分布是高斯分布，平均值是 0，均方值是 $\alpha|t_2-t_1|$，其中 α 是分配给的一个严格正参数；③如果 $t_0<\cdots<t_n$，那么

①Notes on random functions, Math. Z., 1933, 37: 647-668; Random functions, J. Math. and Phys., 1934, 14, 17-23; Fourier transforms in the complex domain, 1934.

$X(t_1, \cdot)-X(t_0, \cdot)$，…，$X(t_n, \cdot)-X(t_{n-1}, \cdot)$ 相互独立。而且对于几乎所有的 ω，$X(t, \cdot)$ 是连续的。这个构造并不需要丹尼尔积分，$X(t, \omega)$ 被明确地表示成具有随机系数的傅里叶级数的和。

维纳还研究了布朗路径的正则性，证明 C 中几乎没有一个函数在任一区间中有界变差，并发现了函数的连续性模的估计①。

维纳还在布朗运动的应用方面进行了研究，他在后来的关于广义调和分析的文章中讨论了这一点。令 f 为 $(-\infty, \infty)$ 上复值可测函数，对每个 x 都有

$$\varphi(x)=\lim_{T\to\infty}\frac{1}{2T}\int_{-T}^{T} f(t+x)\bar{f}(t)\mathrm{d}t$$

而且 $x=0$ 时，$\varphi(x)$ 是连续的。那么 $\varphi(x)$ 可写成 $(-\infty, \infty)$ 上有限测度的傅里叶变换

$$\varphi(x)=\int_{-\infty}^{\infty}\mathrm{e}^{\mathrm{i}x\lambda}\mathrm{d}F(\lambda)$$

其中 $\mathrm{d}F$ 称为 f 的谱密度。如果 f 是殆周期的，那么 $\varphi(x)$ 存在，且谱密度 $\mathrm{d}F$ 完全是不连续的。维纳还构造了一个函数 f，使 $\mathrm{d}F$ 是绝对连续的。令 $\{a_n(\bar{\omega}),\ n=0, \pm 1, \pm 2, \cdots\}$ 为一列独立随机变量，每个都有

$$P(a_n=\pm 1)=\frac{1}{2}$$

定义一个随机过程 $f(t, \omega)$ 为

$$f(t, \omega)=a_n, \quad 在[n, n+1)上, n=0, \pm 1, \pm 2, \cdots$$

那么对于几乎每个 $f(t, \omega)$ 的样本函数，谱密度 $\mathrm{d}F(\lambda, \omega)$ 为

$$\mathrm{d}F(\lambda, \omega)=\frac{1}{\pi}\frac{1-\cos\lambda}{\lambda^2}\mathrm{d}\lambda$$

令 $\xi(t, \omega)$ 为布朗运动，且 $\xi(0, \omega)\equiv 0$，$\vartheta(t)$ 可二次求和，使得 $\vartheta(t)\sqrt{1+t^2}$ 在 $(-\infty, \infty)$ 上有界变差。令

$$f(t,\omega)=\int_{-\infty}^{\infty}\xi(t+\tau,\omega)\mathrm{d}\vartheta(t)$$

用维纳后来定义的维纳积分，$f(t, \omega)$ 也可表示成

$$f(t,\omega)=\int_{-\infty}^{\infty}\vartheta(t+l)\mathrm{d}\xi(t,\omega)$$

记 $\vartheta(t)$ 的傅里叶变换为 $\psi(\lambda)$，维纳证明，对 $f(t, \omega)$ 的几乎每个样本函

---

①Mandelbrot B B. Louis Bachelier//The New Palgrave：Finance. London：The Macmillan Press Limited，1989：86-88.

数，$f(t,\omega)$ 的谱测度 $\mathrm{d}F(\lambda,\omega)$ 为

$$\mathrm{d}F(\lambda,\omega)=\frac{1}{2}\,|\psi(u)|^2\mathrm{d}\lambda$$

现在知道，对于 $(-\infty,\infty)$ 上任意有限测度 $\mathrm{d}F$，人们可以用相同的思想去构造一个复高斯平稳过程，它的几乎每个样本函数的谱密度等于 $\mathrm{d}F$。

在随机过程理论中，理想化的布朗运动占有中心位置，在过去的 50 年来，几个数学家的努力已经证明了这一点。维纳可能已经猜测到这一点，但是他没有意识到，他的布朗运动也深入渗透到数学分析的非随机部分。一个十分有趣的例子是，具有位势项 V 的（一维）热方程的初始值问题

$u(\cdot,0)=\varphi(\cdot)$ 在 $(-\infty,\infty)$ 上，

$$\frac{\partial u}{\partial t}=\frac{1}{2}\frac{\partial^2 u}{\partial t^{2x}}-V(x,t)u\,,\qquad t\geqslant 0$$

它的解 $u(\cdot,\cdot)$ 是

$$u(x,t)=\int_{C[0,\infty)}\mathrm{e}^{-\int_0^t V\{x+f(\tau),t-\tau\}\mathrm{d}\tau}\cdot\varphi\{x+f(t)\}\omega(\mathrm{d}f)$$

其中 $\omega(\cdot)$ 是维纳测度（哑变量 f 是指布朗粒子的路径，现在是在时段 $[0,\infty)$ 上，不是 $[0,1]$ 上）。这是卡茨教授在 1948 年发现的，受费曼（R. P. Feynman）在非相对论的量子理论中同类结果的启发，这还导致在数学分析和场物理中广泛应用泛函积分。

另外，虽然维纳测度是函数空间中一个特殊的概率测度，但是维纳在这方面的工作仍然极其重要，它的价值主要是：

第一，它包含了几个在随机过程理论中十分有力的技巧。

第二，维纳证明了布朗运动的惊人性质，如不可微性、Hölder 连续性，当时这些性质听起来甚至都觉得是病态的，后来吸引了许多数学家的注意。由于莱维，A. Dvoretzky，埃尔德什（P. Erdös），角谷静夫等尝试推广他的结果，导致了许多有意义的工作。

第三，在随机过程中许多方面，甚至一般情况下的分析中，布朗运动都是有用的①。

5.3 莱 维

尽管维纳的关于布朗运动的论文既有理论深度，又有广泛的应用，但是

①Ito K. Commentary//Masani P. Norbert Wiener: Collected Works with Commentaries. Cambridge: MIT Press, 1985: 513-519.

它们没有在数学界引起任何轰动。当时美国数学界的领袖是哈佛的分析学家伯克霍夫（G. D. Birkhoff，1884～1944）和普林斯顿的拓扑学家维布伦（Oswald Veblen，1880～1960），他们对物理感兴趣，他们的视野中没有布朗运动，更不用说维纳的理想化的布朗运动了。另一个原因是这些文章叙述得不清楚。卡茨教授曾讲述过自己在学生时代无法理解这些文章时的低落心情。只有法国的莱维能消化它们，因为他对这个主题有兴趣，苏联的辛钦（A. Khinchine，1894～1959）也可能理解了它们。

只有在米泽斯（R. von Mises，1883～1953）的先驱性工作及科尔莫戈罗夫在 20 世纪 30 年代的概率论基础的工作传播之后，维纳在理想化的布朗运动方面的工作的重要性才被人理解。但是，科尔莫戈罗夫在 1933 年的划时代著作《概率论基础》本身只是维纳在十年前先驱性努力的一部分结果。科尔莫戈罗夫在专著的前言中让人们注意他的表述中几个新颖的地方，如无限维空间中的概率分布，他还强调，这些新问题“当然出自一些完全具体的物理问题”。他提到与里昂托维奇（M. A. Leontovich）在 1933 年合作的一篇文章《论计算平均的布朗区域》（*Zur Berechnung der mittleren Brownschen Fläche*），这暗示了维纳的工作在形成科尔莫戈罗夫思路时起了作用。而且，无限维空间 C［0，1］上的维纳测度，不仅是这个空间上一般科尔莫戈罗夫测度的特例，而且它的潜在思想超出了科尔莫戈罗夫的阐述。

这里，我们打算介绍一下莱维的工作。因为在莱维之前，所有关于随机过程的研究，都是基于分析方法，即将概率问题化为微分方程或泛函分析等问题来解决。从 1938 年开始，莱维系统深入地研究了布朗运动，取得了一系列重要成果，他充分利用概率的直觉性，将逻辑与直觉结合起来，倡导了研究随机过程的一种新方法，即概率方法。这种方法的特点是着眼于随机过程的轨道性质。莱维对概率论的另一重要贡献是建立了独立增量过程的一般理论①。

莱维 1886 年生于巴黎，他的父亲和祖父都是数学教授，他的父亲甚至还曾是巴黎综合理工学院的主考人。莱维在数学方面一直处于同代人的前列，并且其他学科的成绩也不差。1912 年他获得了博士学位，并于次年开始在巴黎矿业大学任教。

在第一次世界大战期间，莱维中断了他的事业，服务于法国炮兵部队，他的主要工作是防空防御。退伍之后，他在回到巴黎矿业大学教书的同时，也在巴黎综合理工学院授课。1920 年成为巴黎综合理工学院的教授，直到

①梁宗巨．自然科学发展大事记：数学卷．沈阳：辽宁教育出版社，1994：114.

1959 年退休。

莱维对布朗路径的特征研究了很多年。1939 年他证明了维纳定理的反面：如果一个动态过程的步长不是正态分布的，那么任意连续的步长不会是相互独立的，或这个路径不是连续的。例如，一个喝醉的且越来越疲劳的水手的步子大小会随时间而变得越来越小，或者一个在广场上跑动的小孩在离母亲越远时步伐越小。因此，他们的运动都不再符合布朗路径的定义。1948 年，他出版了经典的《随机过程和布朗运动》（*Processus stochastiques et mouvement Brownien*）一书。

《随机过程与布朗运动》至今仍是随机过程理论的一本经典著作。只要在数学中看到布朗运动的名字，大多数数学家都会想起这本书。然而，我们要由莱维更早期有关泛函分析的工作说起，这可参考他在 1951 年的著作《泛函分析的具体问题》（*problèmes concrets d'analyse fonctionelle*）。在这本书中，莱维把他的工作沿着一些线索贯穿起来。这些工作在时间上可追溯到 1910 年。莱维早在 1910 年左右，就开始对希尔伯特空间 $L^2([0,1])$ 上的泛函作分析工作，由此导致要对一个泛函 $\varphi(x)$，$x\in L^2([0,1])$，计算平均值或积分。众所周知，在 $L^2([0,1])$ 上并不存在一个类似于有限维欧氏空间上的勒贝格测度。因此莱维对一个泛函引进了平均值的概念，定义如下：给一个泛函 φ，我们要计算 φ 在半径为 R 圆心为 0(原点）的球 $S(R)$ 上的平均值。为此，令 $\varphi_n(x^{(n)})$，$x^{(n)}\in S_n$，表示 φ 局限到 $S(R)$ 的 n 维截形球 S_n，并且令 m_n 为 $\varphi(x)$ 在 S_n 上的平均值。当 $n\to\infty$ 时，如果数列 $\{m_n\}$ 收敛到极限 μ，则自然地就定义 φ 在 $S(R)$ 上的平均值为 μ。更明确地说，让我们用一列阶梯函数 $\{x^{(n)}(t)\}$ 在 L^2 意义下逼近 $x^{(n)}(t)$，其中 $x^{(n)}(t)$ 在区间 $[k/n,(k+1)/n]$ 上取常数值 x_k，$0\leqslant k\leqslant n-1$。于是原假设"$x(t)$ 的 L^2 范数小于 R"过渡为对第 n 个逼近函数要求 $\sum\limits_{k=0}^{n-1}x_k^2\leqslant nR^2$。如果我们将阶梯函数 $x^{(n)}(t)$ 看成 n 维向量，则这个不等式定义出半径为 $n^{1/2}R$ 的 n 维球 S_n。因此 m_n 就等于 $\varphi_n(x^{(n)})$ 对 S_n 上的均匀概率测度取平均值，并且若数列 $\{m_n\}$ 的极限存在，极限值就应该解释成 $\varphi(x)$ 在 $S(R)$ 上的平均值①。

下面是取自莱维给出的简单例子，可用来说明上述求平均值的步骤，也可用来显示正态分布如何在古典泛函分析中浮现。任取一点 $\tau\in[0,1]$ 并且固定它，再取 R 上的一个函数 f，令 $\varphi(x)=f(x(\tau))$，$x\in L^2([0,1])$，可看出

①飞田武幸．布朗运动论．蔡聪明，译．北京：世界图书出版公司，1992.

$\varphi_n(x^{(n)})$ 只是 $x^{(n)}$ 的一个分量的函数，因此平均值 m_n 就等于 $\varphi_n(x^{(n)})$ 对 S_n 上的均匀概率测度取期望值。由此得知，当 n 很大时，球面上一点的一个坐标会介乎 aR 与 bR 之间的概率约为

$$(2\pi)^{-\frac{1}{2}}\int_a^b \exp\left(-\frac{1}{2}y^2\right)\mathrm{d}y$$

这样正态分布出现了，而泛函的平均值为

$$m=(2\pi)^{-\frac{1}{2}}\int_{-\infty}^{\infty} f(Ry)\exp\left(-\frac{1}{2}y^2\right)\mathrm{d}y$$

这种直观处理法，对于更广泛一类本质上是有穷维的泛函，仍然行得通，这使我们认识到，一般平均值就是对白噪声的测度的积分。

当莱维建立了独立随机变量和的理论后，他就开始研究独立无穷小随机变量的连续求和问题，得到了加法过程的正确分解。布朗运动恰好就是具有高斯分布的加法过程。更精确地说，布朗运动记为 $\{W(t):t\geqslant 0\}$ 或简记为 $\{W(t)\}$ 就是满足下面两个条件的一个随机过程：

(a) $W(0)=0$；

(b) $\{W(t):t\geqslant 0\}$ 为高斯过程，并且对任意 t，h，具有 $t+h>0$ 时，$W(t+h)-W(t)$ 的期望值为 0，方差为 $|h|$。

由这个定义得知，$\{W(t)\}$ 为一个加法过程。

作为随机过程的布朗运动的研究及莱维在泛函分析方面的工作，表面上看起来似乎没有什么关系，但事实上它们是一个事物的两个方面。这由对布朗泛函的解析过程中可以看出，理由可粗略解说如下：布朗运动 $\{W(t):t\geqslant 0\}$ 的任意泛函可看成 $\{\dot{W}(t):t\geqslant 0\}$ 的泛函（其中，$\dot{W}(t)=\mathrm{d}W(t)/\mathrm{d}t$）；并且后者较容易处理。这种泛函正好是一个随机变量，具有期望值。同理，我们发现，对于 $\{W(t):t\geqslant 0\}$ 的泛函作其他方面的讨论，在莱维的泛函分析中总是可以找到对应。

从 1930 年的论文开始到 1948 年的书，莱维对布朗运动所作的一系列工作是伟大的①。

莱维是现代随机过程理论的先驱，他在研究高斯变量、高斯过程、大数定律、中心极限定理、平稳定律、无限可分法则等方面作出了卓越的贡献。莱维对不同于正态分布的其他分布非常感兴趣。今天，一个正态分布的变种就是用他的名字来命名的。它就是布朗运动的步的分布，每一瞬间都有一个任意方向的较大位移。为了与布朗运动极小的步长相区别，这个过程被称为

---

①Doob J L. Wiener’s work in probability theory. Bulletin of the American Mathematical Society, 1966，72 (1)：69-72.

“莱维飞行”(Lévy flight)。它会在以下情况下发生：一个微粒、醉水手或其他生物或物体表现出布朗运动一段时间，接着出现一个很大的位移，然后再在一个新的位置继续进行布朗运动等。

布朗运动和莱维飞行都属于随机游走类型。随机游走可能发生在一维、二维或三维空间中，并且有许多类型，如永远不会交叉的自我规避的随机游走、到达边界后就像台球那样弹回的反射随机游走、循环消除的随机游走(即在当最初的随机游走形成任意循环被消除后停止)、有偏的随机游走、带漂移的随机游走及其他许多变种。

5.4　概率论公理化

巴切利尔的论文被人忽视，不仅是巴切利尔和他同行的个人问题，这其实和概率论的地位密切相关。概率论和统计学在那个时候仍需要克服其声名狼藉的身份。当时的科学界没使用诸如运气、机会和神的干预等概念的学说的一席之地。概率论被标上了等而下之的标签，在最好的情况下被认为是热力学的一个投机性解释，最坏的情况下则被视为纸牌玩家和赌徒的工具。

概率论常被严肃科学家鄙视的另一个原因是它缺乏严格的数学基础：这个新奇的理论没有建立在牢固的基石之上。然而，缺乏严格的理论支撑并没有让玻尔兹曼和爱因斯坦等回避使用这个新奇的工具。不过需要注意的是，他们是物理学家，而不是数学家。

作为一个可被验证的理论，数学家需要一些简单的、不言而喻的公理存在。就像欧几里得(Euclid)所发展出的几何学，能适用于所有情况。它们必须是本质的、不会导致任何冲突并且该理论能适用于万事万物。在 19 世纪末 20 世纪初，概率论缺乏这样的严格基础。我们所知的一切都是特殊情况，没有一个公理化的体系。因此严格地说，概率论不能被称为一种理论，这就是数学家不愿意提及它的原因。直到 20 世纪 30 年代，俄国数学家科尔莫戈罗夫才在他的同代人法国的勒贝格的重要成果测度论①的基础上，建立起一套公理体系。

概率论公理化在概率论历史上占有十分重要的地位，因为自此之后，概率论才真正变为一门演绎的数学学科。是什么促使概率论实现了公理化呢？数学家又是如何实现这一目标的呢？我们通过了解这一过程，也有助于了解作为概率论重要分支之一的随机过程理论的发展。

---

①测度论可以让人测量点集覆盖的体积或面积，其基本思想是：列出感兴趣的一族点集，然后用相关的数学知识确定它所覆盖的面积或体积。

5.4.1 严密化的需求[①]

概率论在17世纪中叶由研究赌博问题而诞生。到了19世纪，由于获得新的研究动机及分析方法的引入，使得概率论获得了重要进展。可是在发展过程中，概率论没能演绎成一门逻辑上完美的数学学科，它的基础存在着缺陷。这是因为19世纪的分析本身就没有严格化，以它为研究工具的概率论的严格化就可想而知了。虽然后来分析的基础严密了，但概率论公理化所必需的测度论还未发明，因此，不严密是难以避免的。在这种情况下，出现了"贝特朗悖论"等问题及对概率论基础概念——概率的深入思考。

"贝特朗悖论"是由法国数学家贝特朗在《概率论》一书中首先提出的：在单位圆内随机地取一条弦，问其长超过该圆内接等边三角形的边长的概率为多少？贝特朗用三种不同的解法，得到了三个不同的结果[②]。这似乎与数学论断的确定不变性相矛盾。同一时期还出现了许多悖论，这些问题不仅推动数学家更加精确地用公式表示问题的条件，而且促使人们思考概率论的基础问题，其中尤为突出的是对概率这一基本概念的认识。

历史上出现了对概率的各种认识，既有实体概率——概率局限于实在的物质世界，也有主观概率——反映了人们对某些事物的一种信任程度，是对事物的不确定性的一种主观判断[③]。

以拉普拉斯为代表提出的古典定义，这种定义讨论的对象局限于随机试验所有可能结果为有限个等可能的情形。若随机试验中的基本事件有无穷多个，且每个基本事件发生是等可能的，这时就不能使用古典概率，于是产生了几何概率。另外，随着人们遇到问题的复杂程度的增加，等可能性也逐渐暴露出它的弱点，特别是对于同一事件，可以从不同的等可能性角度算出不同的概率，从而产生了种种悖论。

在20世纪的前几十年里，出现了许多只能用概率论描述的现象。可以证明，其中某些现象从本质上说是随机的。创建这些现象的数学模型时，只能应用概率论，没有其他的选择。拉普拉斯的哲学核心是决定论，概率论的主要作用是帮助人们分析测量的结果。后来，人们发现拉普拉斯的哲学观有缺陷。拉普拉斯等并没有错，只是他们过于局限地理解了概率论在描述自然时

---

①程小红，杨静．概率论公理化源头初探．西北大学学报，2007，37（6）：1026-1028.

②Sheynin，Oscar. Bertrand's work on probability. Archives for History of the Exact Science，1994，48：155-199.

③张尧庭，陈汉峰．贝叶斯统计推断．北京：科学出版社，1991：230-231.

的作用。数学家和科学家需要一个更广阔、更有用的概率论定义。

从气象学到理论物理，各个领域的科学家们都尝试应用概率论，但是，他们只取得了有限的成功。从数学来看，这是因为概率论极不完善。虽然自雅各布·伯努利、棣莫弗时代就出现了许多新的概念和计算技巧，但是一直没有出现概率论这一学科统一的概念。概率论仍是思想和技巧的随意组合。时代恰好再次提出了这个问题：概率论的数学基础是什么？

表面上看来，概率论发展的首要目标似乎是解决它的数学基础。事实并非如此。延迟提出这个问题的一个原因是，从研究机会游戏而来的简单思想，足以解决帕斯卡和费马之后几个世纪里数学家思考的许多问题。另一个原因是，构造概率论的牢固基础所必需的数学还未发展完全。在 20 世纪以前，要完善概率论所必需的数学知识还没有出现，它们到 20 世纪初才诞生。不过，创建这些新数学内容的数学家对概率论本身倒不怎么感兴趣，他们热衷的是测量任意点集覆盖的体积等问题。20 世纪早期，法国数学家博雷尔和勒贝格运用测度论思想使多数的数学领域发生了变革。

此外，随着经验的积累，人们逐渐认识到，在做大量重复试验时，随着试验次数的增加，一个事件出现的频率会集中在该事件的概率，这就是概率的频率定义。当试验次数 n 充分大时，频率 $f_n(A)$ 越来越接近于概率 $P(A)$。这句话不能用“ε-δ 语言”来描述，而应是指“随着 n 的增大，事件 $\{|f_n(A)-P(A)|\geqslant\varepsilon\}$ 发生的概率趋向于 0”。可以看出：一方面“频率接近于概率”表明概率是客观存在的，并且频率可以作为概率的近似值；另一方面，频率接近于概率的含义本身却又需要通过“概率趋于 0”来描述①。那么，究竟什么是概率呢？

上述这些问题使得一些人对当时的概率论中的一些概念和方法产生了怀疑。于是，人们不得不探讨解决的办法。而解决的办法只有一个，这就是完善概率论自身的理论基础。于是，1900 年希尔伯特在巴黎国际数学家大会上作的著名报告中的第 6 个问题，就呼吁把概率论公理化。由此，概率论公理化成为了当时数学及整个自然科学的最迫切的问题之一。

5.4.2　最初的尝试

20 世纪初，许多数学家尝试解决这个问题。最早对概率论严格化进行尝试的是俄国数学家伯恩斯坦。1927 年他在《概率论》一书中给出了一个详细

①苏淳．概率论．北京：科学出版社，2004：36.

的概率论公理体系。他假定了一个我们在自然科学中进行推理所依据的基本方案，即“根据以往的经验，我们断言，只要给定的条件集合 α 实现，属于已知类的事件 A 就必然发生，这和任何其他因素都无关”。然而，一般而言，一个事件不可能绝对出现。人们不能完全确切地预言真实现象的行为。只有当条件集合 α 不太大、而且易于观测时，把 α 和 A 联系起来的规律才有实际意义。如果这个条件不成立，事件 A 就称为随机事件。然后他试着引进一个简单点的条件集合 β 来代替 α，它(至少在理论上）可以重复实现无限多次，当 β 存在时，给定试验中事件 A 以一个明确的概率发生，而且这个概率可以用数值表示。如果也定义了事件 B 的概率，那么下面三个关系必有一个成立

$$P(A)=P(B)\;;\qquad P(A)>P(B)\;;\qquad P(A)<P(B)$$

然后，伯恩斯坦引进了三个公理：①概率的可比较性公理；②不相容事件公理；③事件组合公理。前两个公理考虑了条件集合 β 固定的情况。第三个公理把条件 α 下 A 的概率与不同的条件集合 β 下同一事件的概率联系起来。①

伯恩斯坦就在这三个公理的基础之上构造了概率论的整个大厦。正像科尔莫戈罗夫所指出的，第一个系统的概率论公理化体系是伯恩斯坦给出的，他建立的基础是根据随机事件的概率对事件作定性比较的思想。在定性比较这一思想中概率的数值似乎是推导而来的，而不是一个基本概念。因此，伯恩斯坦的工作并没有真正解决问题。

上面已经提到，概率概念是公理化概率论的基础，人们对此有着不同的理解。当时出现了许多对这些认识的评论，其中最著名的是米泽斯的工作。他的主要工作是概率论的频率定义和统计定义的公理化，他在《概率，统计和真理》(1928）一书中建立了频率的极限理论。他强调，概率概念只有在大量现象存在时才有意义。米泽斯的频率理论中最根本的概念是“集体”概念。集体是由相似的事件或过程组成的无限序列 K，每个事件确定一个给定的有限维空间 R 的某个点。他把一事件的概率定义为该事件在独立重复随机试验中出现的频率的极限，并把此极限的存在性作为他的第一条公理。他的第二条公理是，对随机选取的子试验序列，事件出现的频率的极限也存在并且极限值相等。严格说来，第二条公理没有明确的数学含义。因此，这种所谓公理化在数学上是不可取的。虽然频率定义在直观上易于理解，易为实际工作者和物理学家所接受，便于在实际工作中应用。但是，像某个事件在一独立重复试验序列中出现无穷多次这一事件的概率，米泽斯理论是无法定义的。

①Maistrov L E. Probability Theory：A Historical Sketch. New York：Academic press，1974：249-252，254-256，261-262.

因此，他们的公理理论都不尽如人意。

5.4.3　公理化的建立

从 20 世纪 20 年代开始，概率论的研究类型在很大程度上是由集合论和函数论的思想所决定的。通过对概率论基本概念——事件与概率的仔细分析，可以发现事件的运算与集合的运算完全类似，概率与测度有相同的性质。这成为建立概率论逻辑基础的正确道路。在这方面的研究最卓著的是科尔莫戈罗夫。

当科尔莫戈罗夫开始研究概率论的时候，博雷尔和勒贝格的大部分基础性工作才基本完成。科尔莫戈罗夫是 20 世纪最主要的数学家之一，他的思想使概率论变成今天的样子，在这方面他做的工作远远超出了其他任何数学家。科尔莫戈罗夫生于坦波夫，这座城市坐落于莫斯科和伏尔加格勒（前斯大林格勒）之间。他 17 岁时进入莫斯科国家大学，很快就能从事高等数学的研究，大学毕业 8 年后在数学系工作，从此一直研究概率论及其相关问题。（科尔莫戈罗夫的兴趣实际上远远超出了概率论，他是一位多产的数学家，在复杂性理论、信息论、湍流理论、马尔可夫过程、测度论、几何、拓扑、集合论等领域作出了杰出贡献。）

科尔莫戈罗夫发现了把测度论应用到概率论的方法，其思想十分简单。他假设有一个大的集合，用字母 U 表示，其中集合 U 包含很多子集。科尔莫戈罗夫在 U 上定义了一个测度，使 U 的测度等于 1，由此就能确定 U 的子集的大小。剩下的就是用概率论的语言重新解释这个模型。

集合 U 表示某一过程的所有可能发生的事件。U 的子集表示各种可能的事件。因为 U 的子集的测度不可能大于 U 的测度——部分永远不能比整体大，所以一个事件的概率不可能大于 1。如果 A 和 B 是 U 的两个不相交子集，即 A，B 是两个互斥的事件，那么，事件 A 发生或事件 B 发生的概率等于 A 的测度加上 B 的测度。从几何上表示，就是两个集合的大小。相应地，如果我们想求任意两个事件 A 和 B 同时发生的概率，那么就计算两个集合交集的大小。

概率论中一个十分重要的定律就是大数定律。数学家对它的深入研究实质上是对大数定律条件的推广，即扩大了满足定律的随机变量序列的范围，其科学价值在于发现了大数定律的一般条件，而这揭示了平均值的统计稳定性，即随机的规律性。其中，马尔可夫在这方面的工作值得称赞，他削弱了中心极限定理与大数定律的条件限制，把随机变量互相独立的情况推广到变量相关的情况，把相关随机变量引入概率论研究①。马尔可夫推广了大数定律的适用性，但他没有得到这个问题的明确解答。只有通过函数论的方法和概念，才能建立大数定律适用性的充分必要条件。1926 年，科尔莫戈罗夫得到了这些条件。他证明了下列定理：一列互相独立的随机变量 $\xi_1,\xi_2,\cdots,\xi_n$ 服从（弱）大数定律，当且仅当 $n\to\infty$ 时满足下列关系：

(1) $\sum_{k=1}^{n}\int_{|x|\geqslant n}\mathrm{d}F_k(x)\to 0$；

(2) $(1/n)\sum_{k=1}^{n}\int_{|x|<n}x\,\mathrm{d}F_k(x)\to 0$；

(3) $(1/n^2)\sum_{k=1}^{n}\int_{|x|<n}x^2\,\mathrm{d}F_k(x)\to 0$，

这里 $F_k(x)$ 表示 $P(\xi_k-M\xi_k<x)$。这个定理完全解决了概率论的一个中心问题——（弱）大数定律。法国数学家博雷尔于 1909 年得到强大数定律。

在所有这些研究中，与度量函数论的相似之处起了重要的作用。特别是，弱大数定律类似于测度中的收敛概念，强大数定律类似于处处收敛。正是由于对大数定律的深入研究，使得概率与测度论的联系越来越明显，从而度量函数的思想越来越深入地渗透到概率论中。从 20 世纪 20 年代中期开始，科尔莫戈罗夫开始从事这些新思想的明确阐述。1933 年，科尔莫戈罗夫出版了他的经典性著作《概率论基础》，这可以说是概率论的一个里程碑。他建立了在测度论基础上的概率论的公理化体系，奠定了近代概率论的基础。这本书中建立起了集合测度与事件概率的类比、积分与数学期望的类比、函数正交性与随机变量独立性的类比等。这种广泛的类比终于赋予了概率论以演绎数学的特征②。这一公理体系着眼于规定事件及事件概率的最基本的性质和关系，并用这些规定来表明概率的运算法则。它们是从客观实际中抽象出来的，既概括了概率的古典定义、几何定义及频率定义的基本特征，又避免了各自的局限性和含混之处。

科尔莫戈罗夫在《概率论基础》前言中写道："这本专著的目的是为概率论提供一个公理化基础……概率论的基本概念直到最近仍被认为非常奇怪，作者将用现代数学的一般概念来安置它们。在勒贝格的测度理论出现之前，这个任务看上去是完全没有希望完成的。然而，在勒贝格的成果出版之后，可以把一个集合的测度与一个事件的概率进行类比，结果就变得非常明

①Sheynin O B. A. A. Markov's work on probability. Archives for History of the Exact Science, 1989，39：337-377.

②李文林．数学史教程．北京：高等教育出版社，2000：290.

显了。”

在第 1 章中，科尔莫戈罗夫指定了 5 条公理，它们后来构成了概率论的基础。其余的公理、定理或推论都来源于它们。例如，公理 3 指出，任意可能事件或事件集合的可能性，都可被指定一个介于 0～1 的数，这个数被称为该事件的概率和它的勒贝格测度。公理 4 则说，在所有可能发生的事件中，总有一个事件将会发生的概率为 1，这个公理保证了“事件空间”包括了所有可能发生的事件。例如，掷硬币的事件空间就包括了概率为 0.5 的正面朝上、概率为 0.5 的背面朝上，以及概率为 0 的硬币直立。科尔莫戈罗夫强调，为 0 的概率并不必然意味着该事件不可能发生，而只是说它发生的概率非常小。在一次投掷中，它可能不会发生。但如果你投掷数百万次，总不能完全避免有时硬币会直立。

公理 5 则说，两个互斥的事件发生集的联合概率为单独概率的和。例如，如果下雨的概率是 25％，下雪的概率为 10％，那么根据公理 5，要么下雨要么下雪的概率为 35％。公理 5 是刚好关于两个事件集的，很容易扩展到 3 个或更多事件集中。但不能这样无限组合下去，这需要另一个公理来处理。在第 2 章中，科尔莫戈罗夫设定了公理 6，以将公理 5 延伸到无限事件集中，这就是所谓的“连续性公理”。

所有事实和定理都可以通过这 6 个公理推导得到。

这本专著代表了一个转折点。通过给概率计算引入一个公理化的基础，这本书把概率论和它的方法带入一个新纪元，概率论后续发展的基础已经搭建好了。以这位俄国数学家的严密基础为依据，后来者可以进一步扩展对随机事件的理解。自 1933 年起，概率论不再被视为一种奇谈怪论，而是发展成为一种科学理论。这样，概率论就从半物理性质的科学变成严格的数学分支，和所有其他数学分支一样建立在同样的逻辑基础之上。

5.4.4　影响及其他

科尔莫戈罗夫的思想使概率论成为分析数学中一门广阔而高度发展的分支，其中，测度论变成了分析数学的一部分。源自微积分的分析数学，研究的是函数、方程、函数集。通过用测度论的语言解释概率论，数学分析的所有结果就可以应用到概率论。科尔莫戈罗夫的工作产生了广泛而直接的影响，科学家和数学家开始以新的方式使用概率论。从实际角度看，科尔莫戈罗夫的创新促使概率论成为研究原子、气象学、流体内部结构的运动的工具。例如，有气泡的液体或有悬浮物的液体（对这种液体的研究有许多重要应用，如从核电厂的冷却剂到石油渗透土壤的运动)。从数学来说，科尔莫戈罗夫的思想使数学家致力于概率论公理化的工作，就像两千多年前欧几里得尝试几何公理化一样。也就是说，科尔莫戈罗夫能够用一组称之为公理的基本性质来阐述概率论的数学基础。

公理决定了数学家研究的内容，任何数学分支都由一组公理来决定。数学家正是从公理推导出定理，定理是公理的逻辑推论。数学里的任何一条叙述最终都是正确的，因为它是公理的逻辑结果。数学是演绎学科，即数学家从一般原理推导出特殊的逻辑结论，所以科尔莫戈罗夫的公理化方法使概率论发展成数学上连贯的学科。虽然其他人做过尝试，但是科尔莫戈罗夫第一个成功地为概率论创建了公理基础。他提供的框架，使认同他的公理的数学家们能够严格地推导出概率论的定理。科尔莫戈罗夫工作的一个极其重要的特点是，它使概率论能够应用到十分抽象的情形，以及以前不能用数学分析的情况。

科尔莫戈罗夫在概率论上还做出了其他贡献。例如，他大大推广了马尔可夫的结果，这促进了布朗运动的研究，从更广的意义上说，是促进了扩散过程的研究（分子扩散就是物质分子由浓度高的区域向浓度低的区域运动）。扩散理论曾是研究物理、化学和生命科学中许多问题的重要工具。

科尔莫戈罗夫也在应用概率论的众多科学分支上作出了成就。他尤其感兴趣的一个应用领域是信息论，这个学科研究的是信息的传播和储存的基本原理。第二次世界大战后不久，由于美国工程师香农（Claude Shannon，1916～2001）的工作，从而诞生了信息论。科尔莫戈罗夫发明了一种稍微不同的方法，这个方法和香农最先提出的方法有某些类似之处，但是科尔莫戈罗夫的概念更普遍。他用抽象的数学集合表示信息论的内容，这一思想十分有意义，并且具有潜在的用途。特别是他发现了一种计算信息量的方法，用函数或函数群表示信息量，其中这些函数的性质并不完全已知。由于任何测量都不精确，所以这个方法也可以应用到解释测量数据这类问题上。科尔莫戈罗夫的信息论思想促使许多数学家，尤其是苏联数学家做出了许多有意义而重要的工作。

在这里我们还要提到科尔莫戈罗夫的另一贡献，现在以他的名字命名的一个数学概念：科尔莫戈罗夫复杂性。它研究任意物体复杂的程度，它研究的物体既可以是现实中的事物，也可以是计算机程序。第一步是用二进制表述物体或过程。如果描述两个物体，就得到两串数据。它们都可表示成“字母表”，即二进制编码。压缩数字串中，虽然所有信息被保留下来，但是多余数字及数字顺序被去掉了。这样，数字串被压缩地尽可能短。原则上，研究者可以通过使用客观准则比较两个物体的复杂性。因为随机数字列不能被压缩，所以能判断复杂性及信息量的一条客观准则是有用的。复杂性理论能让使用者区分信息和噪声，即不携带任何信息的信号，甚至当信息本身不清楚时。科尔莫戈罗夫复杂性被用来理解许多事情，从股票交易到语言结构，其中股票交易里的“信号”是可靠地预测了市场变化的波动，而“噪声”是没有预测任何事的随机波动。然而，在这方面还需要做更多的工作，因为还没有完全找到关于复杂性的一个合理的度量标准。

第 6 章　布朗运动与其他

布朗运动论除了与随机数学有密切的关系，也与确定性数学中的许多内容有着相互联系。

6.1　布朗运动与处处不可微

许多数学工作表明，布朗运动可以用来改进经典分析中的许多结果，如关于调和函数与解析函数的性态及某些偏微分方程的解。这里，我们主要介绍其与处处不可微函数的关系①。

我们知道，1872 年，魏尔斯特拉斯给出了著名的连续不可微函数。当时的数学家把这种函数看成数学怪物。魏尔斯特拉斯的例子是由缺项三角级数给出的，即

$$\sum_{n=1}^{\infty} a_n \cos(\lambda_n t + \phi_n) \tag{6.1}$$

其中 $\frac{\lambda_{n+1}}{\lambda_n} > q > 1$，$\sum_{n=1}^{\infty} |a_n| < \infty$。令 $f(t)$ 为式（6.1）的和，当 $\overline{\lim_{n \to \infty}} |a_n| \lambda_n > 0$ 时，它处处不可微。而且，当 $0 < \alpha < 1$ 时，下列条件等价

(a) $f(t_0 + h) - f(t_0) = O(|h|^{\alpha})$ (t_0固定，$h \to 0$)；

(b) $a_n = O(\lambda_n^{-\alpha})$；

(c) 对所有的 t_0，f 一致满足条件（a）。

在缺项级数（6.1）与随机傅里叶级数 $\sum_{0}^{\infty} \alpha_n (\xi_n' \cos 2\pi nt + \xi_n'' \sin 2\pi nt)$（其中 ξ_n'，ξ''_n 是独立正态高斯变量）之间有很强的相似性。由于布朗运动可以用这样的级数表示，所以可以预期它会像魏尔斯特拉斯函数那样表现。

实数集上的布朗运动是二元函数 $X(t, \omega)$，其中 $t \in \mathbf{R}^+$（t 是时间），$\omega \in \Omega$（概率空间）。如果取 $\Omega = [0, 1]$，配备上勒贝格 σ-域及勒贝格测度，不会有什么差别。Ω 上的可测函数称为随机变量，Ω 上的积分用 E（期望）表示，“Ω

---

①Kahane J P. Brownian motion and classical analysis. The Bulletin of the London Mathematical Society, 1976，8：145-155.

上几乎处处”记作 a. s.（几乎必然）。

（实的，中心）高斯变量是随机变量 X，使得对某一 $\tau>0$ 和所有实的 λ，有 $E(e^{\lambda X})=e^{\frac{1}{2}\lambda^2\tau^2}$ 。容易验证，$X\in L^2(\Omega)$ 且 $\|X\|_2=\tau$ 。存在由高斯随机变量组成的 L^2（Ω）的无穷维闭子空间，我们用 H 表示。如果 X，Y 在 H 中正交，验证有 $E(e^{\lambda X+\mu Y})=E(e^{\lambda X})E(e^{\mu Y})$（$\lambda,\mu\in\mathbf{R}$），因此 X，Y 独立。H 中任何规范正交系(即任何独立西高斯变量系）称为正规系。

这里有两个 $X(t,\omega)$ 的等价“定义”。

第一个定义：

(1) 对某一空间 H，所有的随机变量 $X(t,\cdot)$（$t\in\mathbf{R}^+$）属于 H（高斯过程的定义)。

(2) 如果 $0\leqslant\alpha<\beta<\gamma<\delta$，那么随机变量 $X(\beta,\cdot)-X(\alpha,\cdot)$ 与 $X(\delta,\cdot)-X(\gamma,\cdot)$ 是独立的（独立增量过程的定义)。

(3) $E(X^2(t,\cdot))=t$（正规化条件)。

第二个定义：

考虑 $I=[0,a]$ 或 $I=\mathbf{R}^+$，对某一空间 H，以及从 $L^2(I)$ 到 H 的线性等距映射 W，有 $X(t,\cdot)=W(1[0,t])$（$t\in I$)，其中 $1[0,t]$ 是示性函数。

从现在起，把 $X(t,\omega)$ 或 $X(t,\cdot)$ 记作 $X(t)$。

第二个定义暗示考虑了 $L^2(I)$ 中的基，并把定义推广到复布朗运动（复高斯变量 $X+iY$，$\|X\|=\|Y\|$，且 $X\perp Y$，H 是复希尔伯特空间，由复高斯变量组成，$L^2(I)$ 也是复希尔伯特空间)。

由 W，$L^2(I)$ 的基 $\{e_n\}$ 的象是正规序列 $\{\xi_n\}$。由计算得

$$X(t)=\sum\xi_n\int_0^t e_n(s)\mathrm{d}s$$

级数在 $L^2(I)$ 中几乎必然收敛。

如果 $I=[0,1]$，那么两个最有用的基是哈尔（Haar）系（实数情形）及三角函数系（复数或实数情形）。由哈尔系，得

$$X(t)=\xi_0 t+\sum\xi_{jn}\Delta_{jn}(t)\ (j=0,1,\cdots;\ n=0,1,\cdots,2^j-1)$$

其中 $\{\xi_0,\xi_{jn}\}$ 是（实的）正规系，Δ_{jn} 是高为 $2^{-j/2-1}$，底为 $[n/2^j, n+1)/2^j]$ 上的三角函数。由三角函数系，得

$$X(t)(\text{复的})=\xi_0 t+\sum_{n\neq0}\frac{\xi_n}{2\pi in}(e^{2\pi int}-1) \tag{6.2}$$

其中$\{\xi_n\}$（$n\in\mathbf{Z}$）是复正规系，且

$$X(t)(\text{实的}) = \xi_0 t + \sum_{n=1}^{\infty} \frac{\sqrt{2}}{2\pi n}(\xi_n{}'(\cos 2\pi n t - 1) + \xi_n{}'' \sin 2\pi n t) \quad (6.3)$$

其中 $\{\xi_0, \xi_1{}', \xi_1{}'', \xi_2{}', \cdots\}$ 是实的正规序列。式（6.2）和式（6.3）是傅里叶-维纳级数。

那么，“布朗运动如何不规则呢?”在回答这个问题前指出，我们感兴趣的是随机函数 $X(t)$ 的几乎必然的性质。至少有三个问题需要考虑：①$X(t)$ 连续吗？如果连续，那么它的连续模是什么？②给定 t，当$h \to 0$时，振动 $X(t+h) - X(t)$ 有多剧烈？③$X(t)$ 处处不可微吗？最有力的描述是什么？

经典答案是：①$X(t)$ 连续，它的连续模是 $O(\sqrt{(h\log 1/h)})$（维纳证明）。②给定 t，$\overline{\lim\limits_{|h| \to 0}} \dfrac{|X(t+h) - X(t)|}{\sqrt{(2|h|\log\log 1/|h|)}} = 1$（重对数律；辛钦、科尔莫戈罗夫证明）。③对所有的 t，有 $\overline{\lim\limits_{|h| \to 0}} \dfrac{|X(t+h) - X(t)|}{|h|^{1/2+\varepsilon}} = \infty$（任意给定$\varepsilon > 0$）（佩雷、维纳、齐格蒙德证明）。③证明了处处不可微性。

如果把这些结果与魏尔斯特拉斯函数的论述比较，将看到，大体说 $X(t)$ 就是 $\sum 2^{-n} \cos 4^{-n} t$ 。总之，正如佩兰所猜测的，布朗运动提供了一个很好的处处不可微函数的例子。

6.2 布朗运动与级数①

关于布朗运动和级数的研究 1900 年是一个重要的分界线：在这之前，与其相关的文章可谓是凤毛麟角，但进入 20 世纪后，由于爱因斯坦、斯莫鲁霍夫斯基、朗之万、佩兰等的杰出工作，这两种理论开始互相融合，共同发展。

6.2.1 泰勒级数与傅里叶级数

1715 年，泰勒在他的《增量法及其逆》书中首次定义了泰勒级数。之后，泰勒级数就开始在数学央中扮演举足轻重的作用。

18 世纪 50 年代，达朗贝尔（d’ Alembert）、克莱罗（Clairaut）、伯努利和欧拉（Euler）就开始考虑和尝试应用三角级数。法国数学家、物理学家傅里叶（Fourier）由于当时工业上处理金属的需要，从事热流动的研究。1807 年，他在向法国科学院呈交一篇关于热传导问题的论文中提出：任意函数 f

---

①Kahane J P. A century of interplay between Taylor Series, Fourier series and Brownian motion. Bulletin of London Mathematical Society, 1997, 29: 257-279.

都能够展开成三角函数的无穷级数表示，其系数由与 f 相关的定积分给出，即傅里叶公式。1822 年，他发表了《热的分析理论》，发展了热流动方程，提出并证明了将周期函数展开为正弦级数的原理，奠定了傅里叶级数的理论基础。他的这种思想，虽然缺乏严格的论证，但对近代数学以及物理、工程技术产生了深远的影响，成为傅里叶分析的起源。

自 1807 年傅里叶级数提出以来，经历了近一个世纪的发展，数学家们取得了丰硕的成果。狄利克雷（Dirichlet）在 1829 年提出了一般性的收敛定理。1854 年黎曼（Riemann）在关于三角函数的学位论文中引进了黎曼积分和许多研究方法，导致测试函数、振荡积分和渐近估计等分支的诞生，但其论文中缺少了两个证明——给定一处处收敛于零的三角级数，则它的系数全为 0 以及此三角级数实际上是零级数。这两个证明在其后的 1870 年，才由伟大的德国数学家、集合论的创立人康托尔(Cantor）在其学位论文中给出。1880 年，狄尼（Dini）发表了关于傅里叶级数的第一篇专题论文。

此外，自傅里叶级数诞生之日开始，有一个问题就一直困扰着数学家，那就是傅里叶级数，特别是连续函数的傅里叶级数，是否必处处收敛？具有处处发散的傅里叶级数的连续函数到底是存在还是不存在呢？继魏尔斯特拉斯利用了缺项三角级数得到的连续但处处不可微的函数之后，杜布瓦-雷蒙（du Bois-Reymod）首先发现，存在有连续函数，它的傅里叶级数在某些点上发散。后又证明，连续函数的傅里叶级数可以在一个无穷点集上处处发散。这一反面结果的说明对傅里叶级数的收敛性应该持谨慎的态度，不能太乐观。自此直到 1966 年，瑞典数学家卡尔松(B. C. Carleson）证明了关于 L^2 函数的傅里叶级数的几乎处处收敛定理之前，具有处处发散的傅里叶级数的连续函数的存在与否一直是个谜。

进入 20 世纪以后，数学家和物理学家迎来了傅里叶级数和泰勒级数爆发的时刻，导火索是费耶尔（Fejer）定理和勒贝格的积分理论。

费耶尔的工作不仅为探索正交函数的展开指出方向，而且成为研究现代发散级数一般理论和奇异积分理论的先导。费耶尔定理是他 1900 年提出的，表明利用最简单的求和过程，即平均部分和，可在每一连续点处由傅里叶级数求得原函数。1904 年，费耶尔首次考虑用部分和的算术平均代替级数的部分和，证明了傅里叶级数部分和序列的算术平均，在函数的连续点上，必收敛于函数自身。这样通过新的求和法，就能成功地用傅里叶级数表达连续函数。

从费耶尔定理可得到许多重要的推论，是它恢复了傅里叶级数这个研究课题的地位。1912 年，数学名家卡拉泰奥多里（Caratheodory）应用费耶尔定理证明了：若一级数 $\sum_0^\infty C_n z^n$ 把单位圆盘 $|z|<1$ 保形地映为若尔当

(Jordan) 域，则此映射在整个闭圆盘上连续（其中，C_n 为泰勒级数的系数序列）。1913 年，费耶尔发现若级数 $\sum n|C_n|^2$ 收敛，泰勒级数 $\sum_0^\infty C_n z^n$ 在闭圆盘 $|z|\leqslant 1$ 上一致收敛。1944 年塞勒姆（Salem）利用该定理证明了：对 $T(=R/Z)$ 上的每一实连续函数 g，存在 T 的同胚 h，使得函数 $g(h(t))$ 的傅里叶级数一致收敛（其中 T 是圆，R/Z 表示商集）。哈代（Hardy）和李特尔伍德（Littlewood）在 1926 年给出一个重要结果：假如若尔当域的边界可求长，则 $\sum_0^\infty |C_n| < \infty$ 且泰勒级数在 $|z|\leqslant 1$ 上绝对收敛。

勒贝格继 1901 年在《论定积分的一种推广》中引入了勒贝格积分和勒贝格测度两个具有深远意义的新概念后，他在三篇重要的论著中发展了他的积分理论：1902 年"积分、长度、面积"的博士论文，"积分和原函数研究讲义"以及"三角级数讲义"。勒贝格用他的积分理论，把黎曼的工作又推进了一步。

法国数学家法图（Fatou）关于"三角级数和泰勒级数"的学位论文发表于 1906 年，这是勒贝格书的直接延续。它包含关于积分的有用工具（著名的法图引理），帕塞瓦尔（Parseval）关系的 L^2 形式，单位圆盘上的有关解析函数在边界上几乎处处径向收敛，几乎处处非切向收敛，赫尔德（Hölder）类 $\Lambda_\alpha(0<\alpha<1)$ 在共轭下的稳定性和其他的内容。

1907 年，奥地利数学家费舍尔（Fischer）和匈牙利数学家里斯（Riesz）几乎同时建立了在区间 $[a,b]$ 上全体平方（勒贝格）可积函数 $f(x)$ 的集合 $[L^2(a,b)]$ 与平方可积数组 l^2 之间的等价关系，称为里斯-费舍尔定理。他们在科学院通报上连续发表了五篇文章，分别给出了区间 $(0,2\pi)$ 上平方可积函数的傅里叶系数的特征：系数绝对值的平方构成收敛级数。因此，帕塞瓦尔等式成立，即

$$\sum_0^\infty |c_n|^2 = \int_0^{2\pi} |f(t)|^2 \frac{dt}{2\pi}$$

其中，c_n 是勒贝格积分意义下依照傅里叶公式求得的系数。因此可以这么说，通过傅里叶变换，$l^2 \leftrightarrow L^2$ 是同构映射。

里斯和费舍尔证明的关键在于 L^2 完备性，其后里斯证明了更一般结果"L^p 是完备的"，其中 L^p 是 $p(p\in\mathbf{R}, p\geqslant 1)$ 次方可积的函数空间。"L^2 是完备的"意味为着 L^2 可以作为欧氏空间来处理，量子力学的奠基者将 L^2 空间作为工具使用，另外一些函数空间或广义函数空间可以在 L^2 的基础上建立起来，并且保持希尔伯特空间的几何结构。

里斯-费舍尔定理是泛函分析中基本概念的主要来源，它使得勒贝格积分

成为了整个分析学的坚实基础，并由此得到许多重要的结论。首先，由里斯和费舍尔的结果得知：L^2 在共轭下稳定，而 $\Lambda_\alpha(0<\alpha<1)$ 根据法图的结果也稳定。里斯于 1927 年证得除 L^1 和 L^∞ 外，所有 L^p 在共轭下稳定。最后，1971 年费弗曼（Fefferman）发现了哈代空间 H' 与 BMO（有界均匀振荡函数空间）的对偶关系，阐明了 BMO 的作用：L^∞ 的共轭包含在 BMO 中，而 BMO 在共轭下稳定。这些结果的重要性在于以下事实：共轭能以纯实分析的方式定义为希尔伯特变换，而希尔伯特变换是一大类奇异积分的范例。

有界函数（H^∞ 类）情形下，法图弄清了泰勒级数的边界性态：非切向极限存在且处处非零。此结果可以推广到包括所有满足

$$\sup_{0<r<1}\int_0^{2\pi}\log^+|F(re^{it})|\,dt<\infty$$

的解析函数 $F(z)(|z|<1)$ 的奈旺林纳（Nevanlinna）类 N，原因是 N 中的函数是 H^∞ 中的函数的商，因而法图定理对所有的 $H^p(p>0)$ 成立，即对所有满足

$$\sup_{0<r<1}\int_0^{2\pi}|F(re^{it})|^p\,dt<\infty$$

的解析函数 $F(z)(|z|<1)$ 成立。

用系数可以表示对 H^2 径向收敛性成立结果为：若 $\sum_0^\infty|C_n|^2<\infty$，当 $r\to1^-$ 时，其傅里叶级数为 $\sum_0^\infty C_n e^{int}$ 的 L^2 函数 $\sum_0^\infty C_n r^n e^{int}$ 的极限几乎处处存在。但如果把条件 $(C_n)\in l^2$ 减弱，情形就大相径庭了。例如，给定任一序列 $a_n\downarrow0$ 和任一对定义于 $(0,2\pi)$ 上且取值与 $[-\infty,\infty]$ 中（包括 ∞ 和 $-\infty$）的可测函数 f，g，存在一序列 (C_n) 使得 $\sum_0^\infty\alpha_n|C_n|^2<\infty$ 并且当 $r\to1^-$ 时，级数 $\sum_0^\infty C_n r^n e^{int}$ 几乎处处收敛于 $f(t)+ig(t)$。

6.2.2　布朗运动与级数的融合

缺项傅里叶级数首先出现在魏尔斯特拉斯的连续但处处不可微函数的例子中。20 世纪 20 年代，从拉德马赫（Rademarcher）级数出发，作为正交级数的特例，缺项傅里叶级数向另一方向发展。拉德马赫函数定义在定直线的 $(0,1)$ 区间上，其中实直线被赋予勒贝格测度。其概率解释是：通过等概率独立选择 1 和 −1 所得序列的模型。因此，拉德马赫级数有随机级数 $\sum\pm C_n$（C_n 给定，$\pm$ 是随机的、独立、等概率的）的测度性质。

随机泰勒级数是由波兰数学家施坦豪斯开始的，提到施坦豪斯的工作，

不能不提他的万有概率模型：考虑在赋予勒贝格测度的区间 $I=(0,1)$ 上建立概率。他确立了这样一个对应关系：事件是 I 中的勒贝格可测集，其概率是该集合的勒贝格测度；随机变量是定义在 I 上的勒贝格可测函数，其分布是勒贝格测度在函数作用下的象，其期望是函数的勒贝格积分（如果积分存在），如此等等。他指出了如何在 I 上构成一列以勒贝格测度为分布的独立随机变量。在此基础上，他为任意一个独立随机变量序列或级数建立了一个模型。从介于 0 和 1 之间的某数的二进制式出发

$$\theta=0.\theta_1\theta_2\cdots\theta_n\cdots=\sum_1^{\infty}\theta_n 2^{-n},$$

数字 θ_n 是等概率独立地取值于 0 或 1 的随机变量。现设 $N_1,N_2,\cdots,N_k,\cdots$ 为不交的无限正整数集(施坦豪斯选择 $N_k=(2N+1)2^{k-1}$)，则

$$\omega_k=\sum_{n\in N_k}\theta_n 2^{-n}$$

是独立的具有相同分布函数的随机变量。它们的分布函数是 $[0,1]$ 上的勒贝格测度，独立随机变量序列的万有模型是

$$Z_k=F_k(\omega_k)(k=1,2,\cdots)$$

F_k 在 $[0,1]$ 上的勒贝格可测。

根据此模型，1929 年，在他的论文《一个级数的收敛圆是其自然边界的概率》中，他证得随机泰勒级数

$$\sum_0^{\infty}a_n e^{2\pi i\omega_n}z^n\ \left(\left(\overline{\lim_{u\to\infty}}|a_n|\right)^{\frac{1}{n}}=1\right)$$

几乎必然无处可延拓到收敛圆 $|z|=1$ 的外面。这是博雷尔 1896 年想到的，施坦豪斯首先将这一思想转变成一个严格的数学命题。这是在他 1923 年建立的概率论和勒贝格测度之间的形式上的关系后又一个重大突破，这激励佩雷和齐格蒙德在随机函数级数方面做进一步研究，并且对布朗运动理论、泰勒级数和傅里叶级数的融合发挥了关键的作用。

佩雷和齐格蒙德在名为《关于某些函数级数》的一系列论文中将施坦豪斯的工作进行下去。他们所考虑的所有级数都涉及两个变量：ω 是基本随机变量，且据施坦豪斯方法，勒贝格地分布在 $[0,1]$ 上；第二个变量是实数或复数。通常目的是研究这些级数在每一点或给定的函数空间中的几乎必然收敛性及和的几乎必然的那些性质。傅里叶随机级数和泰勒随机级数是典型例子，记作

$$\sum_0^{\infty}(A_n(\omega)\cos nt+B_n(\omega)\sin nt)(t\in\mathbf{R})$$

$$\sum_{0}^{\infty} C_n(\omega) z^n \ (z \in \mathbf{C})$$

$A_n(\omega)$，$B_n(\omega)$，$C_n(\omega)$ 是独立随机变量。拉德马赫-傅里叶和拉德马赫-泰勒级数是对应于拉德马赫随机变量的倍数（$A_n(\omega)=\pm a_n, B_n(\omega)=\pm b_n, C_n(\omega)=\pm c_n$），施坦豪斯-傅里叶和施坦豪斯-泰勒级数对应于施坦豪斯随机变量（$A_n(\omega)+\mathrm{i}B_n(\omega)=\rho_n \mathrm{e}^{2\pi \mathrm{i}\omega_n}, C_n(\omega)=\gamma_n \mathrm{e}^{2\pi \mathrm{i}\omega_n}$）。施坦豪斯-傅里叶和施坦豪斯-泰勒级数易处理，因此佩雷和齐格蒙德的主要目的是研究拉德马赫-傅里叶和拉德马赫-泰勒级数。特别地，他们证得：若 $\sum a_n^2=\infty$，则级数 $\sum \pm a_n \cos nt=\infty$ 几乎永远不是傅里叶-勒贝格级数。关于这一点最简洁的证明是：里斯-费舍尔定理给出了三角函数为傅里叶-勒贝格级数时其系数的绝对值应满足的最好条件，他们还证得若 $\sum a_n^2<\infty$，则和几乎必然地属于所有 $L^p(1\leqslant p\leqslant\infty)$。而 L^{∞} 的情形就没那么顺利了，直到 1978 年，马库斯（Marcus）和皮西尔（Pisier）才完全解决了这个问题。

1933 年，佩雷、维纳和齐格蒙德发表了“关于随机函数的注解”的论文，深入“关于某些函数级数”的研究。由拉德马赫级数、施坦豪斯级数及高斯（Gauss）级数

$$(\mathrm{R}) \sum \pm f_n(t)$$

$$(\mathrm{S}) \sum \mathrm{e}^{2\pi \mathrm{i}\omega_n} f_n(t)$$

$$(\mathrm{G}) \sum \xi_n f_n(t)$$

其中，ξ_n 是独立的正态高斯变量。有（G）级数的范例傅里叶-维纳级数

$$(\mathrm{W}) \xi_0 \frac{1}{\sqrt{2\pi}}+\sum_{1}^{\infty} \frac{1}{n\sqrt{\pi}}(\xi_n(1-\cos nt)+\xi_n' \sin nt)$$

它表示定义在时间区间 $(0,2\pi)$ 上 $t=0$ 时自 0 出发的线性布朗运动。特别地，有拉德马赫三角级数和拉德马赫-泰勒级数、施坦豪斯三角级数和施坦豪斯-泰勒级数、高斯三角级数和高斯-泰勒级数，即

$$(\mathrm{R}) \sum_{-\infty}^{\infty} \pm C_n \mathrm{e}^{\mathrm{i}nt}, \quad \sum_{0}^{\infty} \pm C_n z^n$$

$$(\mathrm{S}) \sum_{-\infty}^{\infty} C_n \mathrm{e}^{2\pi \mathrm{i}\omega_n} \mathrm{e}^{\mathrm{i}nt}, \quad \sum_{0}^{\infty} \pm C_n \mathrm{e}^{2\pi \mathrm{i}\omega_n} z^n$$

$$(\mathrm{G}) \sum_{-\infty}^{\infty} C_n \xi_n \mathrm{e}^{\mathrm{i}nt}, \quad \sum_{0}^{\infty} C_n \xi_n z^n$$

这里 ξ_n 是独立正态复高斯变量。

该论文中证明了维纳过程的几乎必然处处不可微性，并建设性地将佩

雷・齐格蒙德理论和维纳理论联系起来，这是一个了不起的成就。一直以来，联系佩雷・齐格蒙德和维纳理论是长期而又困难的过程，数学家付出了艰辛的努力。比拉德（Billard）证明（R）和（S）有相同系数 C_n 时，有相同的概率。仅在 1978 年，马库斯和皮西尔将达德利（Dudley）和费尔尼克（Fernique）在另一个名称（即圆周上平稳高斯过程）下研究过级数（G）的结论，移植到（R），（S），因此证得对（R），（S）和（G）概率相同。马库斯和皮西尔的工作标志着随机傅里叶级数理论的开端，更一般地说是概率论和巴拿赫（Banach）空间的开端。

但对泰勒级数来说，类似的联系尚未建立起来。不可延拓的博雷尔性质对（R），（S）和（G）都成立。但对于如级数和的值域这样简单的问题，对（G）的了解就比对（R）和（S）的了解多得多。英国数学家李特尔伍德和奥福特（Offord）用五十多年才解决了整函数的情形。

维纳则从另一个角度出发，他曾经读过爱因斯坦和佩兰的著作，这两位物理学家既从理论上又从实验上建立了一套布朗运动的物理理论。佩兰指出，布朗运动的轨道使人想起数学家研究的不可微连续函数。这个函数在当时尚未被物理学界广泛了解，布朗运动的物理现实暗示着应该有一个数学模型。维纳的计划是这样的：考虑在时刻 $t=0$ 取某个固定值的连续函数的集合，在其上构造一个满足爱因斯坦方程的维纳测度，使得这些函数几乎必然具有适当的性质，如无处可微性。概率空间是赋予勒贝格测度的 $[0,1]$ 区域，施坦豪斯变换给 $[0,1]^N$ 赋予测度，然后用一个方便的函数 ξ 作用于坐标得出独立正态高斯变量序列 $\xi(\omega_n)$。然后定义了关于维纳测度（即维纳平均）的丹尼尔积分并证得了如何用系数是高斯的独立傅里叶级数（即傅里叶-维纳级数）来展开轨道，从而通过该级数定义了基本随机函数。这个级数对几乎所有的 $\omega \in [0,1]$ 一致收敛于函数 $Z(t,\omega)$，因此得到了空间 $C([0,2\pi])$ 的概率测度，由此再得到维纳测度。这是一个使人着迷的研究对象，长期以来，它在许多不同的数学领域中得到了广泛的应用。物理学家和数学家不断地对它提出令人惊叹的猜想，做出完美的证明并得到了漂亮的定理。

可见，维纳并没有使用勒贝格测度，而是在函数空间上构造了另一个不同的测度。相反地，施坦豪斯将装备有勒贝格测度的区间 $(0,1)$ 作为普适空间。借用傅里叶-施坦豪斯级数，完全可以按施坦豪斯的观点构造布朗运动。傅里叶-维纳级数是一个三角级数，其系数是一个独立的高斯随机变量。1934 年，维纳最后一次讲述他的基本随机函数时用的就是傅里叶-维纳级数。

然而，正当维纳向施坦豪斯看齐时，科尔莫戈罗夫继承维纳思想，依照过程的分布构造相应的概率空间。科尔莫戈罗夫是苏联伟大的数学家，他首次以测度论和积分论为基础建立了概率论公理结论。在他的著作《概率论基础》中，概率空间被定义为一个集合 Ω，并赋以一个由 Ω 的子集构成的 σ -域 A 和一个定义在 A 上的完全可加的测度 P（称为概率）。从此以后，这个三元组合 (Ω, A, P) 将所有的概率论学者团结在一起。相比施坦豪斯的观点，由于在研究过程当中，可以更换概率空间 Ω 或 σ - 域 A ，科尔莫戈罗夫的观点要更灵活一些。当然，最重要的概率空间均同构于勒贝格空间，即直线上装备有勒贝格域和勒贝格测度的 $(0,1)$ 区间。科尔莫戈罗夫的工作非常引人瞩目，他在《概率计算的基本概念》中极大地推广了维纳理论，其中科尔莫戈罗夫扩张定理提出了构造给定过程的轨道空间的概率的一种方法。这使得维纳思想部分取代了施坦豪斯的观点，对概率论的发展有决定性的影响。

6.2.3　布朗运动与级数的发展

在维纳和施坦豪斯的工作之后，关于布朗运动与级数的研究又出现了许多优秀的成果。

第一，平面布朗运动的研究，由莱维始于 1940 年，他提出：给定区间的象 $Z(I)$ 的面积几乎必然为 0。其中一个证明是基于豪斯多夫（Hausdorff）判定函数，因为 $Z(I)$ 有无数个洞，如何得知这些洞的面积和形状的联合分布函数，使得 $Z(I)$ 的豪斯多夫测度几乎必然有限且非零的，正确的豪斯多夫判定函数是 1947 年莱维给出的：给定一解析函数 $F(z)$ ，$F(0)=0$ 是在原点处为 0 的解析函数，$F(Z(t))$ 的轨道是局部平面布朗轨道。另一个证明是 1964 年由泰勒求出的，即 $x^2\log(1/x)\mathrm{logloglog}(1/x)$ 。

第二，布朗运动和位势论的联系。位势的概念来源于物理学中的万有引力理论，关于狄利克雷问题的研究一直是位势论中的一个重要内容。库朗(Courant)、弗里德里希斯(Friedrichs) 和莱维在 1928 年指出了随机性在狄利克雷问题中的应用。但是直到 1944 年，才被角谷静夫第一次采用。位势论与概率论的密切联系，最明显的是，决定一个马尔可夫过程的转移函数可以用来定义位势论中的格林函数。位势论中的许多概念和原理都有明确的概率意义，特别体现在上鞅理论中，如上调和函数相应于上鞅。位势论中的法图型边界极限理论相应于上鞅收敛理论；单调上调和函数列的极限性质与单调上鞅的极限过程性质颇为相似；某些上调和函数、上鞅称为位势，它们在各自的理论中都有与之关联的测度，都遵从只涉及这些测度支柱的控制原理，以及在概率论与位势论中，都存在一个性质相同的简化测度，它导出与位势相关联的测度的扫除等。

第三，布朗运动在泰勒级数和解析函数上的应用。早在1947年莱维就认识到了布朗运动 $Z(t)$ 和解析函数有密切关系。1979年伯吉斯-戴维斯(Burgess Davis)及1977年戴维-伯克霍尔德(David Burkholder)的重要论文，提出了鞅方法。达雷特(Durrett)所著《分析中的布朗运动和鞅》和巴斯(Bass)所著的《分析中的概率技巧》(1995)是现在的常用参考文献。

马尔可夫"保形变换中的概率方法"涉及一大类课题，包括单叶函数、布洛赫(Bloch)函数、光滑测度、布洛赫鞅和保形变化的边界问题。关于布洛赫函数和相关事实的重要文献是1974年安德森（Anderson)、克鲁尼(Clunie)和泊茂仁克（Pommerenke）的论文。

第四，布朗运动在傅里叶级数和调和分析中的应用。1926年，维纳走上了调和分析的新道路。他从物理学借来函数作为调和分析的钥匙，又同通信理论联系起来，写成傅里叶变换，获得了现在所说的光谱分布状态。为了证明其中一个关键性的公式，维纳在哈代和李特尔伍德的陶伯定理中提出了一种强有力的高度独创的方法，即著名的反转定理，成为了巴拿赫代数理论的基础，并由此导出素数定理等结果。

给定圆上的连续函数 $f \in C(T)$，把 f 随机化的一个简单方法是考虑 $F * W$，即 f 和白噪声 W 的卷积：

$$f \sim \sum_{-\infty}^{\infty} \hat{f}_n \mathrm{e}^{2\pi i n t}$$

$$W \sim \sum_{-\infty}^{\infty} \hat{\xi}_n \mathrm{e}^{2\pi i n t}$$

$$f * W \sim \sum_{-\infty}^{\infty} \hat{f}_n \xi_n \mathrm{e}^{2\pi i n t}$$

如果 $f \in C(T)$ 和几乎必然地 $f * W \in C(T)$，记 $f \in P(T)$，即

$$P(T) = C(T) \cap C_{\mathrm{a.s.}}(T)$$

则 $P(T)$ 是巴拿赫代数，使得作用在 $P(T)$ 上的函数恰是利普希茨（Lipschitz）函数（函数 F 作用在 $P(T)$ 上是指当 $f \in P(T)$，且 $F \cdot f$ 有定义时，$F \cdot f \in P(T)$）。

第五，布朗运动本身能提供用其他方法很难得到的例子。例如，孟晓夫(Menchoff)先前的定理：给定 T 上的可测实值函数，在测度任意小的集合上有可能修正它，使得新函数是有一致收敛傅里叶级数的连续函数。在此论断中用 $A(T)$ 代替 $U(T)$ 是否可能？卡茨内尔森(Katznelson)等给出否定的答案，即使在给定函数上加很强的正则条件，如 $f \in \Lambda_\alpha$（α 阶的赫尔德类）对每

一 $\alpha<\frac{1}{2}$ $\left(\text{另外，当 } \alpha>\frac{1}{2}\text{ 时，} \Lambda_\alpha(T)<A(T)\right)$。

近几十年来，物理学的新思想源源不断地向数学渗透。通过对物理学理论的理解和数学物理方法的研究，物理学家提出许多伟大的数学猜想。而物理与概率论的相互渗透、交汇融合，产生了许多新的分支学科，最具代表性的有随机场、交互作用粒子系统、渗透理论和测度随机过程等。在物理学家的强有力的直觉、一些特例和模拟的支持下，数学家孜孜不倦地追求猜想的精确证明，以检验这些由物理学家预言的结果，并惊奇地发现它们基本上是正确的。当然，有许多猜想要给出完美证明是很困难的，也有许多甚至还没有被完全证明。

6.3　布朗运动与素数①

由于每个整数都能分解为素数的乘积，所以可以认为每个整数都包含有一种布朗运动路径；而布朗运动的数学特性反过来又可以推导素因子分解的定理。本节将其中的一些经典术语的定义，通过概率语言来描述，并试图给出概率证明。当然，由于篇幅所限，实际具体证明并不多，大部分都是以举例和通过特殊情况下的一般结果来进行阐述的。

6.3.1　布朗运动的数学模型

对一元布朗运动而言，可考虑将位移映射到垂直坐标轴上，即将每个时刻 t 的高度 $x(t)$ 在坐标平面上一一标出。这样经过 T 单位时间，从坐标原点出发的粒子运动轨迹就能通过连续实值函数 $x(t)(0\leqslant t\leqslant T, x(0)=0)$ 来描述，首先考虑函数集合 $C_0[0,T]$ (图 6.1)。

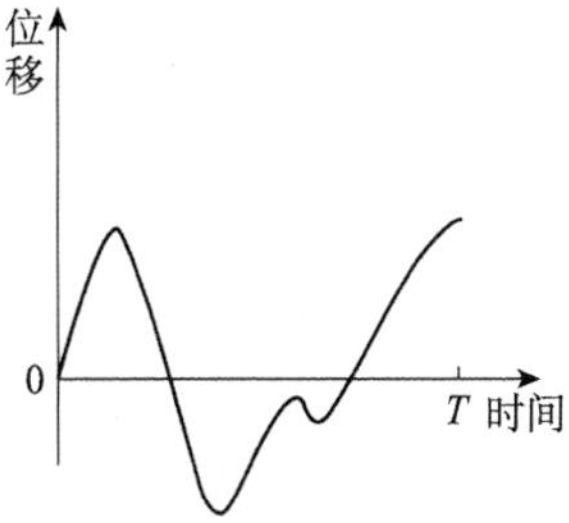

图 6.1

$C_0[0,T]$ 是度量空间，其中两元素之间的距离是它们对应图形之间最大垂直距离。粒子的随机运动因此被描述为 $C_0[0,T]$ 子集 A 上的概率 $P_T(A)$；其中 $P_T(A)$ 表示粒子路径位于 A 的概率，即函数 x 位于 A 的概率。当投掷一对均匀骰子时，其可能的和点数是 2,3,…,12，若独立投掷多对均匀骰子时，其出现 7 点的比例大约为 1/6 。若连续 T 时间对

①Billingsley P. Prime numbers and Brownian motion. The American Mathematical Monthly, 1973, 80: 1099-1115.

布朗运动进行观察，则其运动轨迹路径应该是 $C_0[0,T]$ 中的元素，对多个独立的运动粒子而言，则其运动轨迹位于 A 的概率大约是 $P_T(A)$ 。因此，根据数学理论可以认为，单次投掷一对骰子时，其出现 7 点的概率是 1/6 。同样的，对单个粒子而言，其运动轨迹位于 A 的概率为 $P_T(A)$ 。

集合 $[x:\alpha \leqslant x(t) \leqslant \beta]$ 由图 6.2 中通过该区间的路径组成，表示在时刻 t 粒子位于 α 和 β 之间的事件集。其概率为

$$P_T[x:\alpha \leqslant x(t) \leqslant \beta] = \frac{1}{\sqrt{2\pi t}}\int_\alpha^\beta e^{-u^2/2t}dt \qquad (6.4)$$

因此其在时间 t 的位置分布为正态曲线，其均值为 0，方差为 t 。均值 0 反映了粒子看起来是上下运动的，期间并没有漂移，而方差 t 是线性增长的，这表明粒子更倾向于远离出发点。式（6.4）也可以拓展为：区间 $[s,t]$ 上的增量服从正态分布，均值为 0，方差为 $t-s$ 。

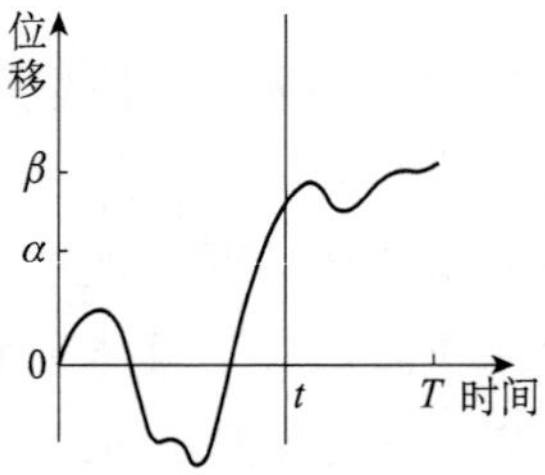

图 6.2

布朗运动的另一个重要性质是：设 $s < s' < t < t'$ ，作为例子，将在时间段 $s < s'$ 内，粒子至少向上有 3 个单位位移的事件，记为 $A=[x:x(s')-x(s) \geqslant 3]$ ；将在时间段 $t < t'$ 内，粒子向下有位移的事件时间，记为 $B=[x:x(t')-x(t) < 0]$。在图 6.3 中，上方的曲线满足 A 但不满足 B ；下方曲线则同时满足 A 和 B 。事件 A ，B 及它们的交集 $A \cap B$ 的概率满足以下关系式

$$P_T[A \cap B] = P_T(A)P_T(B) \qquad (6.5)$$

因此事件 A ，B 满足独立性的定义，也就是说粒子在区间 $[s,s']$ 的位移不会影响到其在区间 $[t,t']$ 内的位移。

式（6.4）和式（6.5）及它们的推广形式决定了所有概率 $P_T(A)$ 。这是维纳在 1923 年的重要成果：证明了存在概率满足上述条件，P_T 由此被称为维纳测度。由维纳测度描述且遵循变换法则的布朗运动，有如下性质：若用函数来表示粒子的路径，在进行了 T 个单位时间的布朗运动后，若将时间尺度压缩 T ，而位置尺度压缩 $\sqrt{T}$ ，则新路径与粒子在单位时间内的布朗运动轨

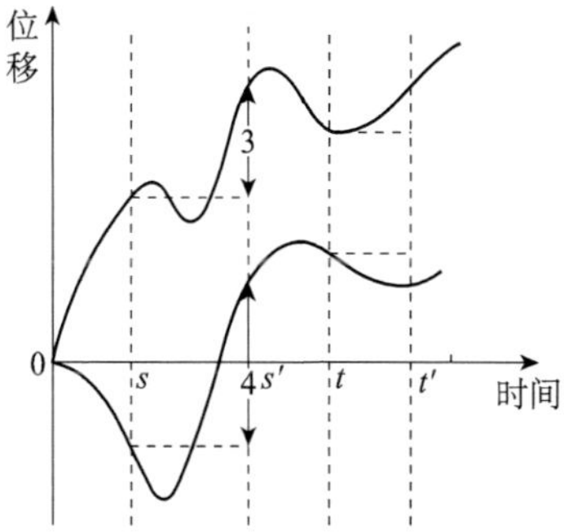

图 6.3

迹精确相似。

为了解释该性质，分别设 x 为原路径，y 为缩放后的新路径，则 $x \in C_0[0,T]$，$y \in C_0[0,1]$，有

$$y(t) = \frac{1}{\sqrt{T}}x(tT),\quad 0 \leqslant t \leqslant 1 \tag{6.6}$$

即式（6.6）定义了一个映射

$$C_0[0,T] \to C_0[0,1] \tag{6.7}$$

变换规则表明：设 x 是 $C_0[0,T]$ 上依 P_T 分布的随机路径，则 y 是 $C_0[0,1]$ 上依 P_1 分布的随机路径，若将映射（6.7）记为 ϕ_T，则有 $P_1 = P_T\phi_T^{-1}$。根据式（6.4）可知，$x(tT)$ 是高斯随机变量，均值为 0，方差为 tT。将高斯随机变量乘以常数 a，新变量仍服从高斯分布，且其均值相应也乘以 a，而方差乘以 a^2。因此式（6.6）中定义 $y(t)$ 仍服从高斯分布，又 $T^{-\frac{1}{2}} \cdot 0 = 0$，$(T^{-\frac{1}{2}})^2 \cdot tT = t$，所以方差为 0，均值为 t，这就满足布朗运动的第一个条件。将时间尺度缩放 T 使得路径区间从 $[0,T]$ 变为 $[0,1]$，而垂直方向缩放 $1/\sqrt{T}$ 使得方差保持不变，而 x 在不相交区间上有独立增量。从直观上也可以看出，单纯进行时间、位置尺度的缩放，不会将独立增量变为不独立增量。因此变换式(6.6) 保持了布朗运动的其他属性，如增量的独立性等。

由式（6.4），设 $T = t = 1$，则有

$$P_1[x: \alpha \leqslant x(1) \leqslant \beta] = \frac{1}{\sqrt{2\pi}}\int_\alpha^\beta \mathrm{e}^{-u^2/2}\mathrm{d}t \tag{6.8}$$

设 $\alpha > 0$，考虑 $[x:\max x(t) \geqslant \alpha]$，粒子在时刻 t 高度为 α，其中 $0 \leqslant t \leqslant 1$，则

$$\begin{aligned}P_1[x:\max x(t) \geqslant \alpha] = {} & P_1[x:\max x(t) \geqslant \alpha \text{ 且 } x(1) \geqslant \alpha] \\ & + P_1[x:\max x(t) \geqslant \alpha \text{ 且 } x(1) < \alpha]\end{aligned}$$

可以证明，右边的两个概率是相等的，因此

$$P_1[x:\max x(t) \geqslant \alpha] = 2P_1[x:\max x(t) \geqslant \alpha \text{ 且 } x(1) \geqslant \alpha]$$

当条件 $x(1) \geqslant \alpha$ 成立时，条件 $\max x(t) \geqslant \alpha$ 是多余的，因此右边变为 $2P_1[x:x(1) \geqslant \alpha]$，因此，当 $\alpha \geqslant 0$ 且 $\beta = \infty$ 时，式（6.8）变为

$$P_1[x:\max x(t) \geqslant \alpha] = \frac{2}{\sqrt{2\pi}} \int_{\alpha}^{\infty} \mathrm{e}^{-u^2/2} \mathrm{d}t \tag{6.9}$$

这样就得到了最大正偏分布。

下面不加证明地给出一个违背直觉的结论。考虑集合 $[t:x(t) > 0]$，且 $0 \leqslant t \leqslant 1$，即粒子轨迹位于横轴以上的点集合(图 6.4)。该集合由条状区间组成，其组成区间总长度为 $|[t:x(t) > 0]|$，则当 $0 \leqslant \alpha \leqslant \beta \leqslant 1$ 时，粒子位置坐标大于 0 的总时间满足

$$P_1[x:\alpha \leqslant |[t:x(t) > 0]| \leqslant \beta] = \frac{1}{\pi} \int_{\alpha}^{\beta} \frac{\mathrm{d}u}{\sqrt{u(1-u)}} \tag{6.10}$$

这就是莱维的反正弦定律，其名称由来是积分后即得到反正弦函数。

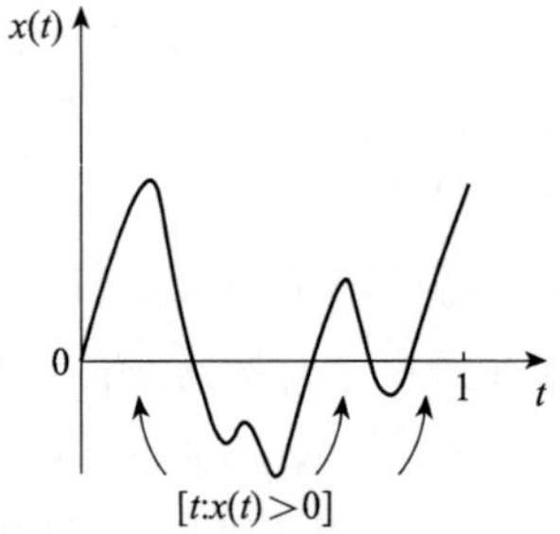

图 6.4

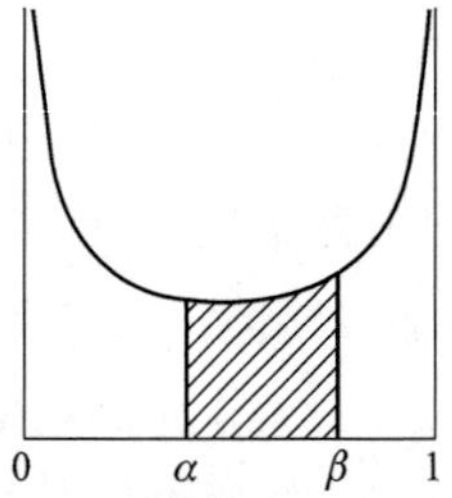

图 6.5

图 6.5 表示密度的形状，阴影部分的面积即式（6.10）右边的值。该曲线是 U 形的，即若区间 $\beta - \alpha$ 长度固定，则在接近 0 或 1 处，概率值 $\alpha \leqslant |[t:x(t) > 0]| \leqslant \beta$ 增大；而在中心 $\frac{1}{2}$ 处的值最小。这和直觉是不一样的，因为由于对称性，大于 0 的时间和均值为 $\frac{1}{2}$，而通常情况下，均值附近的随机事件更容易发生，但这里刚好相反。

6.3.2 随机行走

想象粒子在立方晶格节点上随机移动，则粒子要移动到下一个节点，可能有 6 个运动方向，通过投掷均匀骰子来决定下一步的前进方向；当粒子运动到下一个节点，再次投掷骰子决定其下一步运动方向，依此类推。图 6.6 显示了该随机行走的 5 个步骤。当然，该图是被放大了的，当立方晶格足够

小，而粒子从一个节点到另一个节点的移动又足够迅速时，该运动就非常接近于布朗运动。

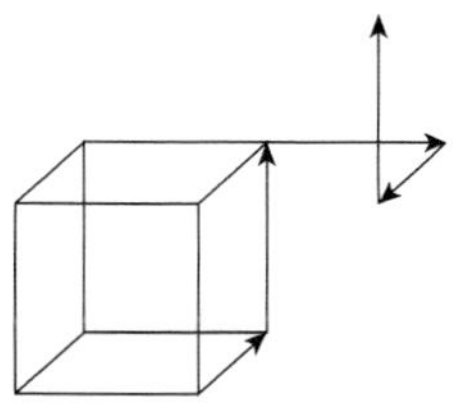

图 6.6

先考虑一维情形。设垂直轴上标出了整数点 0，±1，±2，⋯，首先从 0 开始，投掷硬币决定向上还是向下移动一格，然后在新位置（+1 或 −1）上，继续投掷硬币决定移动方向，如此进行 T 步（T 为整数）。如果一单位时间移动一步，则图 6.7 表述了该匀速从一个节点到另一个节点的进程。多边形路径中，在 i 处的高度，即 i 的位置，也就是在 i 步行走后粒子的位置。对 2^T 条这样的路径而言，每条路径的出现概率是 2^{-T} 。

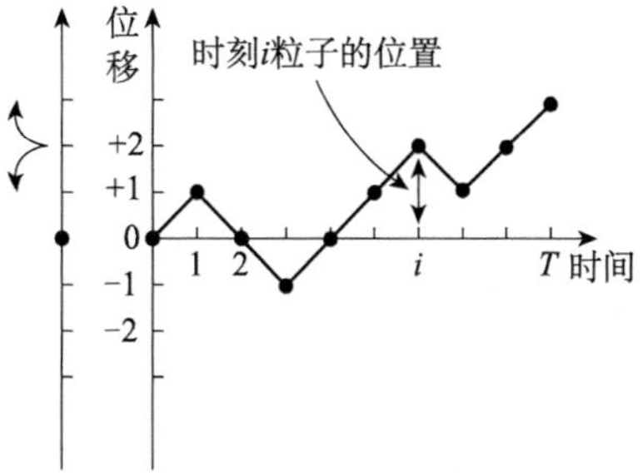

图 6.7

随机行走路径在 $[0,T]$ 上有布朗运动的一些属性。首先，对整数 $i<i'<j<j'$ ，时间段 $[i,i']$ 与 $[j,j']$ 内的位移是独立的。因此路径有基本独立的增量（对非整数端点区间而言，增量间可能有轻微的依赖关系），则移动一步有距离均值

$$(+1)\frac{1}{2}+(-1)\frac{1}{2}=0 \tag{6.11}$$

及方差

$$(+1)^2\frac{1}{2}+(-1)^2\frac{1}{2}=1 \tag{6.12}$$

因此，位置 i 有均值 0 与方差 i，满足布朗运动的另一个性质。尽管路径的多边形性质与布朗运动的特性不完全吻合，但经过对时间、位置尺度的缩放操作，当极限 $T\to\infty$ 时，图 6.7 中的直线段将消失。

下面将时间尺度压缩 T 而位置尺度压缩 $\sqrt{T}$ ，将图 6.7 经过式（6.6）变换到图 6.8。在图 6.7 中，每段长度为 $\sqrt{2}$ ，而在图 6.8 中，T 当非常大时，每段长度都特别小。若图 6.7 表示 $[0,T]$ 上的布朗运动，则图 6.8 表示 $[0,1]$

上的布朗运动。式（6.6）保持了原路径与布朗运动密切相关的一些属性，如均值、方差、增量的独立性等。因此当 T 非常大时，图 6.8 中的曲线与布朗运动路径非常相似。实际上对空间 $C_0[0,1]$ 的子集 A 有

$$\text{Prob}[\text{path} \in A] \to P_1(A)\ (T \to \infty) \tag{6.13}$$

其中，path 为路径，$P_1(A)$ 是维纳测度。类似图 6.8 中的路径共有 2^T 条，prob［path$\in A$］是子集 A 中路径数目的 2^{-T}倍。

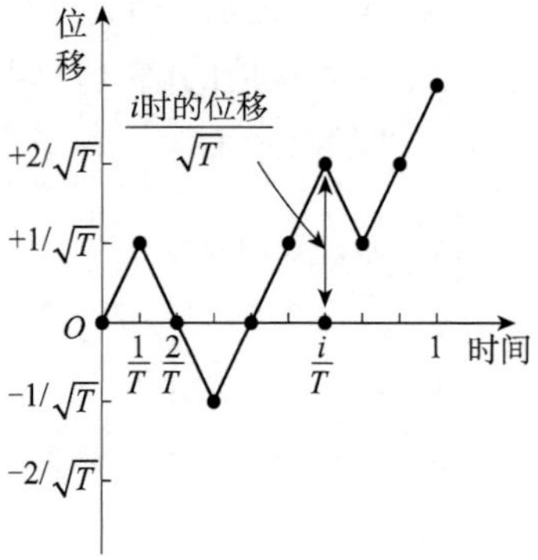

图 6.8

作为该定理的一个例子，假设式（6.13）中的 A 是 $C_0[0,1]$ 的路径集 $[x:\alpha \leqslant x(1) \leqslant \beta]$，即在 $t=1$ 时，路径高度在 α 与 β 之间。由于在图 6.8 中，$t=1$ 时的高度是原始路径中时刻 T 时路径高度的 $1/\sqrt{T}$ 倍。因此由式（6.13）和式（6.8）可知

$$P\left[\alpha \leqslant \frac{T\text{ 的位置}}{\sqrt{T}} \leqslant \beta\right] \to \frac{1}{\sqrt{2\pi}}\int_\alpha^\beta e^{-u^2/2}\,du \tag{6.14}$$

这就是经典的伯努利实验中的棣莫弗-拉普拉斯（De Moivre-Laplace）中心极限定理。它表明了大量随机行走后粒子的位置。当 $-\alpha=\beta=0.9$ 时，式（6.14）的极限大约为 0.6；假如 $T=100$，其位置有大约为 0.6 的概率为 $0.9\times\sqrt{100}=9$。

6.3.3 素因子

根据算术基本定理，任何一个整数都可分解为素数之积，若忽略各个素因子的顺序，该分解是唯一的。设 $f(n)$ 是素因子分解中互不相同素数的数目，不考虑素数重复的情况，如 $f(3^4 \cdot 5^2)=2$ 而不是 6。下表列出了函数 $f(n)$ 的值

n	2	3	4	5	6	7	…	29	30	31	…	209	210	211	…
$f(n)$	1	1	1	1	2	1	…	1	3	1	…	2	4	1	…

可以看出，该函数增长是缓慢的，f 值为 2,3,4 的最小 n 为 $2\times3=6$，$2\times3\times5=30$ 及 $2\times3\times5\times7=210$。由此可看出，若素数有无穷多个，则 f 值也可能为任意大。而对素数 p 而言，$f(p)=1$，那么 f 可能由非常大突然降到 1。这表明 f 变化是没有规律的，那么平均值是多少呢？

$$\frac{1}{N}\sum_{n=1}^{N} f(n) \approx \log\log N \tag{6.15}$$

而 $\log\log 10^{70}\approx 5$，即小于 10^{70} 的整数，平均下来仅有 5 个素因子，考虑 f 分布问题要更棘手一些。设 S 是正整数集，$P_N(S)$ 是 S 中的整数 $1,2,\cdots,N$ 的分解

$$P_N(S)=\frac{1}{N}\times\#[n:1\leqslant n\leqslant N,且\ n\in S] \tag{6.16}$$

其中 # 为求集合中元素个数的运算，问题就是如何求得 $P_N[n:a\leqslant f(n)\leqslant b]$ 的数量信息。

式（6.16）可以看成概率：随机抽取一个 $1\leqslant n\leqslant N$ 的整数，$P_N(S)$ 是其在 S 中的概率。借助概率的独立性，从而估计出 $P_N[n:a\leqslant f(n)\leqslant b]$ 的值，根据 p 整除 n 与否，设 $\delta_p(n)$ 为 1 或 0，则 $f(n)=\sum_p \delta_p(n)$。在了解随机量 $\delta_p(n)$ 的相关性质后，就能得到 $f(n)$ 分布。

p 到 N 的倍数是 N/p 的整数部分 $[N/p]$，则显然 $\delta_p(n)=1$ 或 $p|n$，因此

$$P_N[n:p|n]=\frac{1}{N}\left[\frac{N}{p}\right]\approx\frac{1}{p} \tag{6.17}$$

对于比较大的数 N，因为 $[N/p]$ 与 N/p 相差不到 1，所以式（6.17）非常接近真实值，其误差小于 $1/N$。

算术的基本定理表明：假如 a 和 b 互质，则它们均能整除 n 当且仅当其乘积 ab 能整除 n。在式（6.17）中，用 pq 代替 p，有

$$P_N[n:p|n\ 且\ q|n]=P_N[n:pq|n]=\frac{1}{N}\left[\frac{N}{pq}\right]\approx\frac{1}{pq}=\frac{1}{p}\frac{1}{q}$$

由式（6.17）可知，当 N 非常大时，$1/p$ 和 $1/q$ 分别非常接近 $P_N[n:p|n]$ 与 $P_N[n:q|n]$，因此有

$$P_N[n:p|n\ 且\ q|n]\approx P_N[n:p|n]P_N[n:q|n] \tag{6.18}$$

这就表明，当 N 非常大时，事件 $[n:p|n]$ 与 $[n:q|n]$（$1\leqslant n\leqslant N$）近似地满足独立性定义。式（6.18）能从两个素数拓展到三个甚至更多个素数。

现在来构建随机行走路径，该路径包含对 n 素因子分解，如 $f(n)$ 的一些信息。从 $1,2,\cdots,N$ 中随机抽取整数 n ，在垂直轴上标出整点，从 0 开始，若 $2|n$ ，则向上移动一步，否则向下移动一步。接着在新的位置（$+1$ 或 -1），若 $3|n$ ，则向上移动一步，否则向下移动一步。依次对素数序列中的每个素数都做如此处理。图 6.9 刻画了素因子分解的随机行走，时间轴是随机行走过程中与该步骤相关的素数。

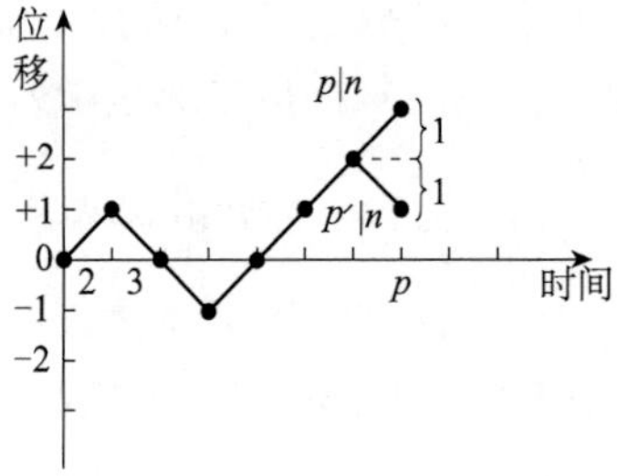

图 6.9

图 6.9 中，一个区间内的随机行走路径增量取决于素数集中，有多少个素数来对 n 作整除操作。不相交区间上的增量取决于素数的不相交集，由式（6.18)或其推广形式可知，当 N 非常大时，增量将趋向于独立。与布朗运动不同的是，素因子分解的随机行走可能有非常快速的漂移，由式（6.16）可知，在与 p 相关的步骤往下移动的概率大约为 $1-1/p$ ，这意味着当 p 比较大时，往下移动的概率几乎为 1。弥补的办法是改变行走规则，当 $p|n$ 时，向上移动 $1-1/p$ 的距离，否则向下移动 $1/p$ 的距离，则现在可能移动的距离为

$$(1-p^{-1})P_N[n:p|n]+(-p^{-1})P_N[n:p\nmid n]$$

由式（6.17）可知其近似于

$$\left(1-\frac{1}{p}\right)\frac{1}{p}+\left(-\frac{1}{p}\right)\left(1-\frac{1}{p}\right)=0$$

这与式（6.11）表示的无漂移投掷硬币的随机行走过程相对应。

在与 p 相关的步骤中，其移动距离的均值接近 0，方差接近 $(1-p^{-1})^2P_N[n:p|n]+(-p)^2P_N[n:p\nmid n]$ ，由等式（6.17）可知其近似于

$$\left(1-\frac{1}{p}\right)^2\frac{1}{p}+\left(-\frac{1}{p}\right)^2\left(1-\frac{1}{p}\right)=\frac{1}{p}\left(1-\frac{1}{p}\right)\approx\frac{1}{p}$$

因此当 p 非常大时，距离非常小。这与投掷硬币的随机行走相反，为了改善该情况，可以在进行与 p 相关的行走时，将其执行时间设置为 $\frac{1}{p}$ 。这样，经

过两次修正之后，其路径如图 6.10 所示。

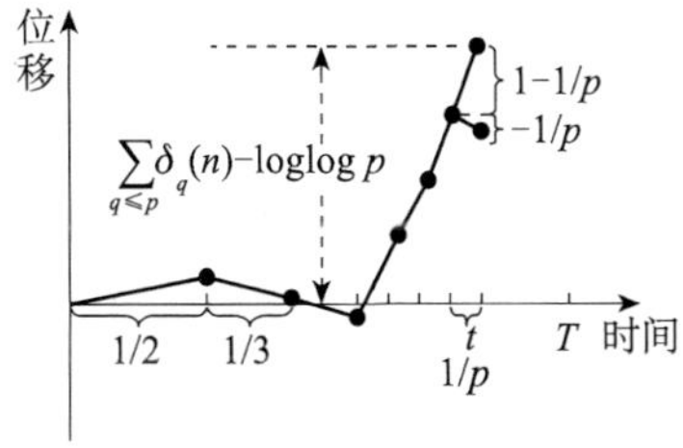

图 6.10

概括地说，与素数 p 相关的时间区间长度为 $\frac{1}{p}$ 。在此区间上，路径上升 $\delta_p(n)-\frac{1}{p}$ ，也就是说，当 $p|n$ 时，路径上升 $1-\frac{1}{p}$ ，否则，路径上升 $0-\frac{1}{p}$。

图 6.10 中的点 t（其区间右端点与 p 相关）是 $\sum_{q\leqslant p}1/q$ 。在与 q 相关的步骤中，其移动距离的方差为 $\frac{1}{q}$ ；因此根据式（6.18）可知其各个步骤几乎相互独立，时刻 t 的位置方差接近于 $\sum_{q\leqslant p}1/q$ 或 t 本身。由此，经过上式对素因子分解随机行走进行的修正，不仅消除了漂移，对时间尺度也进行了调整，使得其方差符合随机投掷硬币的随机行走，即布朗运动的相关性质。

当 u 很大时，有

$$\sum_{q\leqslant u}\frac{1}{q}\approx \text{loglog}u \tag{6.19}$$

图 6.10 中的 t 本质上是 $\text{loglog}u$ ，在曲线 t 处的高度 $\sum_{q\leqslant p}\left(\delta_q(n)-\frac{1}{q}\right)$ 接近于

$$\sum_{q\leqslant p}\delta_q(n)-\text{loglog}p \tag{6.20}$$

则 n 有 $\sum_{q\leqslant p}\delta_q(n)$ 个不超过 p 的素因子，若 $n(1\leqslant n\leqslant N)$ 是随机的，由式（6.17）及式（6.19）可知 $\sum_{q\leqslant p}\delta_q(n)$ 均值约为 $\text{loglog}p$ ；对其进行正交化即减去 $\text{loglog}p$ ，则素因子分解的随机行走记录了式（6.20）中的差值。继续行走，直到所有 $p\leqslant N$ 的素数都处理完毕，时间轴上的点大约为 $T=\sum_{p\leqslant N}\frac{1}{p}\approx\text{loglog}N$ 。

经过以上处理，素因子分解随机行走，对于非常大的 N 而言，增量几乎是独立的，这一点与投掷硬币的路径相似。在投掷硬币的情况下，对坐标轴进行重新缩放可使得当 $N\to\infty$ 时，趋向于布朗运动。这里为了将 T 映射到 1，可对

水平轴作用于缩放因子 $T=\log\log N$，对垂直轴作用于缩放因子 $\sqrt{T}$，应用变换式（6.6），则图 6.10 中的点 t 变成了 $\log\log p/\log\log N$，其路径如图 6.11 所示。

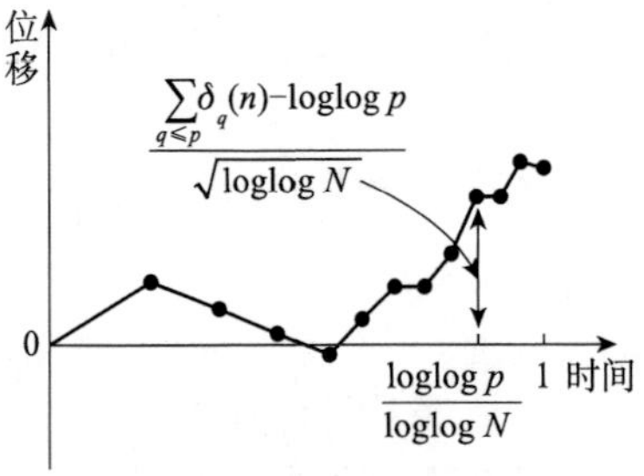

图 6.11

由于路径 n 与 N 相关，记为 $\text{path}_N(n)$ 。又 $n(1\leqslant n\leqslant N)$ 是随机的，该路径位于 $C_0[0,1]$ 的子集 A 中的概率是 $P_N[n:\text{path}_N(n)\in A]$ 。这样该定理将素数与布朗运动联系起来了。假如 A 是 $C_0[0,1]$ 的博雷尔子集满足 $P_1(\partial A)$ ，则

$$P_N[n:\text{path}_N(n)\in A]\rightarrow P_1(A),\quad N\rightarrow\infty \tag{6.21}$$

其中 $P_1(A)$ 为维纳测度。

图 6.11 中，式（6.20）差值曲线可以正交化为

$$\left(\sum_{q\leqslant p}\delta_q(n)-\log\log p\right)/\sqrt{\log\log N} \tag{6.22}$$

图 6.11 中，时间点 1 处的曲线高度可将式（6.22）中的 p 替换为 N ，并代入素因子的个数 $f(n)$，有

$$(f(n)-\log\log N)/\sqrt{\log\log N}$$

设 $A=[x:\alpha\leqslant x(1)\leqslant\beta]$，由式（6.21）与式（6.8）可得

$$P_N\left[n:\alpha\leqslant\frac{f(n)-\log\log N}{\sqrt{\log\log N}}\leqslant\beta\right]\rightarrow\frac{1}{\sqrt{2\pi}}\int_\alpha^\beta e^{-u^2/2}du \tag{6.23}$$

这就是 Erdos-Kac 关于 f 的中心极限定理。

当 $-\alpha=\beta=0.9$ 时，式（6.23）的极限约为 0.6，若 $N=10^{70}$ ，则 $\log\log N\approx 5$ ，式（6.23）与 $-0.9\leqslant(f(n)-5)/\sqrt{5}\leqslant 0.9$ 大致等价，近似于 $3\leqslant f(n)\leqslant 7$。因此，8 小于 $N=10^{70}$ 的整数约有 60%的可能有 3 到 7 个素因子。

式（6.20）的值越大，从素因子分解的角度来说，n 的复合度看起来就越高。换句话说，式（6.20）度量了 n 的所有小于素数 p 的素因子整除性的表面复合度。最大表面复合度为

$$\max_{p\leqslant N}\left(\sum_{q\leqslant p}\delta_q(n)-\log\log p\right) \tag{6.24}$$

这是图 6.11 中曲线最大高度的 $\sqrt{\log\log N}$ 倍，利用式（6.21），式（6.9）可给出其近似分布。当 $\alpha=1.7$ 时，式（6.9）的右边约为 0.1，即约有 10%小于 $N=10^{70}$ 的整数，使式（6.24）大于 $1.7\times\sqrt{5}\approx 3.8$ 。

当下式成立时，则说 n 在 p 处是过度复合的

$$\sum_{q\leqslant p}\delta_q(n)>\log\log p \tag{6.25}$$

当图 6.11 曲线上的点在坐标轴的上方时，式（6.25）精确成立。当被投影到水平轴后，与 p 相关的多边形段长度为 $p^{-1}/\log\log N$；因此该曲线位于 0 上的时间总量实质上为

$$\frac{1}{\log\log N}\sum\left[\frac{1}{p}:p\leqslant N\text{ 且}\sum_{q\leqslant p}\delta_q(n)>\log\log p\right] \tag{6.26}$$

依次考察 n 被素数整除时，在 $p(p\leqslant N)$ 处花费了时间 $1/p$；当 n 在 p 处是过度复合时，式（6.26）就是处理 p 的分解时间。从式（6.21）到式（6.9），可以看出对于非常大的数 N，式（6.26）的分布近似于图 6.5 中的密度曲线，即约有 20%的小于 N 的整数使得式（6.26）大于 0.9，约有 20%小于 0.1，只有大约 6%在 0.45 到 0.55 之间。

素因子的这些特性，投掷硬币同样也有。考虑下式

$$\frac{1}{\pi(N)}\times\#\left[p:p\leqslant N\text{ 且}\sum_{q\leqslant p}\delta_q(n)>\log\log p\right] \tag{6.27}$$

其中，$\pi(N)$ 为所有相关素数的个数。当 N 非常大时，图 6.11 中绝大多数断点都接近 1，就式（6.27）的分布极限而言，约有 $\frac{1}{2}$ 在 0 附近，$\frac{1}{2}$ 在 1 附近。

6.4　布朗运动与多项式[①]

在数学发展史上，将原本看起来毫不相干的两个分支，如概率论与解析函数联系起来，是最让人拍案惊奇的。伯恩斯坦用概率方法对魏尔斯特拉斯逼近定理给出简单又巧妙的证明就是其中之一：若 $f:[0,1]\to C$ 是连续函数，则伯恩斯坦多项式

$$B_n(f)(x)=\sum_{j=0}^{n}\binom{n}{j}f\left(\frac{j}{n}\right)x^j(1-x)^{n-j}$$

①Kowalski E. Bernstein polynomials and Brownian motion. The American Mathematical Monthly, 2006，113：865-886.

在[0,1]上一致收敛到 f 。设

$$B_n(f)(x) = E\left(f\left(\frac{S_n}{n}\right)\right)$$

其中 $S_n = X_1 + \cdots + X_n$ ，n 维向量（X_i）是服从伯努利大数定律的独立随机变量，即

$$P(X_i = 1) = x, \quad P(X_i = 0) = 1 - x$$

为解决狄利克雷问题：寻找一个谐波函数 f ，使其在连通的有界开平面的光滑边界上，对 $z \in \partial U$ 满足 $f(z) = f_0(z)$ ，其中 $f_0: \partial U \to \mathbf{R}$ 是给定的连续函数。角谷静夫给出了公式

$$f(z) = \int_{\Omega} f_0(z + B(\tau))\mathrm{d}P$$

其中，$B(\tau)$ 表示定义在概率空间 Ω 上，起点为 0，概率测度为 P 的二维布朗运动，τ 表示停时，如 $\tau = \inf\{t: z + B(t) \in \partial U\}$ 。

黎曼 ζ 函数 $\zeta(s)$ 与随机矩阵之间联系的发现，使得概率论和数论开始携手并进。可以预期适当的 $\zeta(s)$ 零点的归一化空间在“高临界带”（虚部趋于无穷大）是渐近分布的，如同归一化空间大酉矩阵的特征值在关于酉矩阵组的自然概率测度的随机选择。此外，可以预期的是，对很大的 $|t|$ ，可通过大小约为 $\log t/2\pi$ 的“随机”酉矩阵的特征多项式的值来确定 $\zeta(1/2 + \mathrm{i}t)$ 。

由于一维布朗运动本质上是对 $[0, +\infty)$ 上的“随机”连续函数的另一种说法，自然而然地，就把简单的伯恩斯坦多项式和更奇妙的布朗运动联系到一起：对 $n \geqslant 1$ ，$x \in [0,1]$ ，考虑点 x 的布朗运动的伯恩斯坦多项式，其随机变量 $B_n(x)$

$$B_n(x) = \sum_{j=0}^{n} \binom{n}{j} B\left(\frac{j}{n}\right) x^j (1-x)^{n-j}$$

这里有三个问题需要考虑：

(1) 在不知道布朗运动是否存在的情况下，能否用多项式逼近理论来证明布朗运动的存在性，即证明对适当的随机变量 X_{nj} ，随机多项式序列 $B_n(x)$ 收敛到布朗运动

$$B_n(x) = \sum_{j=0}^{n} \binom{n}{j} X_{nj} x^j (1-x)^{n-j}$$

(2) 能否通过伯恩斯坦随机变量 B_n 及收敛定理证明布朗运动的性质？

(3) 假设布朗运动存在，如何探讨形如 $B_n(x)$ 的随机多项式性质？

考虑三个问题的几个简单实例。首先，从随机伯恩斯坦多项式来构建布朗运动。利用基本的概率理论，就能为布朗运动的存在性提供合理、有说服

力的证明。

其次，使用的伯恩斯坦多项式的相关结论可以证明：布朗路径 $t \mapsto B(t)$ 除 $[0,1]$ 的勒贝格测度集 0 以外，几乎可以肯定不可微。

最后，由布朗路径振荡的简单事实，随机伯恩斯坦多项式的零点的一些结果得以证明。

6.4.1 布朗运动和伯恩斯坦多项式

在维纳与莱维等科学大匠的贡献之上，一种比较新的构建布朗运动的方法提出来了，即通过伯恩斯坦多项式来构建布朗运动。因为伯恩斯坦多项式 $B(x)$ 只包含 $B\left(\frac{j}{n}\right)$， $0 \leqslant j \leqslant n$ ，又 $B\left(\frac{j}{n}\right)$ 是中心高斯随机变量，其方差为 $\frac{j}{n}$ ，且

$$B\left(\frac{j}{n}\right) = \sum_{1 \leqslant k \leqslant j}\left(B\left(\frac{k}{n}\right) - B\left(\frac{k-1}{n}\right)\right) = Y_{n1} + \cdots + Y_{nj}$$

其中 $Y_{nj} = B\left(\frac{j}{n}\right) - B\left(\frac{j-1}{n}\right)$ ，因此 $(Y_{nj})_{1 \leqslant j \leqslant n}$ 是由方差为 $\frac{1}{n}$ 的独立中心高斯随机变量组成的向量。

给定正数 n ，$(Y_{nj})_{1 \leqslant j \leqslant n}$ 是由方差为 $\frac{1}{n}$ 的独立中心高斯随机变量组成的向量，定义

$$X_{n0} = 0, \quad X_{nj} = Y_{n1} + \cdots + Y_{nj} \quad (1 \leqslant j \leqslant n)$$

$$B_n(x) = \sum_{j=0}^{n} \binom{n}{j} X_{nj} x^j (1-x)^{n-j} \tag{6.28}$$

作为高斯随机变量的有限线性组合，对每一个正数 n ，$B_n(x)$ 都是高斯随机变量，因此 $x \mapsto B_n(x)$ 是高斯过程。

要判断伯恩斯坦运动是否收敛到布朗运动，首先计算其协方差 $E(B_n(x)B_n(y))$。下面不加证明地给出一条引理。

引理 6.1 $B_n(x)$ 的协方差函数满足

$$E(B_n(x)B_n(y)) = Q_n(x,y)$$

其中，$Q_n = B_n(\wedge)$ 表示连续函数 $\wedge : [0,1]^2 \to \mathbf{R}$ 的 n 阶多项式，$\wedge(x,y) = x \wedge y$。

推论 6.2 (1) 对每个 $x \in [0,1]$，随机变量序列 $(B_n(x))$ 的分布收敛到一个方差为 x 的中心高斯随机变量。

(2) 对每个 $(x,y) \in [0,1]^2$ ，向量序列 $(B_n(x), B_n(y))$ 的分布收敛到一个协方差为 $E(B_n(x), B_n(y)) = x \wedge y$ 的中心高斯随机向量 $(B_n(x), B_n(y))$ 。

由上述推论可知，若记 $B(x)$ 为相同分布的随机变量 $B_n(x)$ 的极限，则其结果过程是一高斯过程，除样本路径的连续性外，满足布朗运动的所有条件。

在定义 B_n 时，在变量 X_{nj} 与 $X_{mk}(n \neq m)$ 之间，并没有任何先验关系，其中 X_{nj} 表示 $B(j/n)$ 。应尽量选择 Y_{nj} 并构建 X_{nj} ，使得对几乎所有的在 Ω 中的固定样本 ω ，定义 $B(j/n) = X_{nj}$ 应该是连贯且延拓到的连续函数。多项式 B_n 的极限分布被视作 $C([0,1],\mathbf{R})$ 上 $[0,1]$ 范围内的实值连续函数。

$C([0,1],\mathbf{R})$ 是由范数 $\|f\| = \sup|f(x)|$ 给定的完备的度量空间。特别地，存在 $C([0,1],\mathbf{R})$ 上子集的相关博雷尔 σ 代数 B 。因为 B 由柱集

$$C_{x,A} = \{f \in C([0,1],\mathbf{R}): f(x) \in A\}$$

生成，$x \in [0,1]$ 且 A 是 $\mathbf{R}$ 的博雷尔子集；则 $B^{-1}(C_{x,A}) = \{\omega: B_n(\omega,x) \in A\}$ 是可测的，由固定的 x 所定义。所以映射

$$B_n: \Omega \rightarrow C([0,1],\mathbf{R})$$

是可测的。

下面用映射 B_n 来定义 $C([0,1],\mathbf{R})$ 上的镜像测度 $W_n = P(B_n)$ ，也就是说，对连续函数 $W_n(X) = P(Y)$ 的博雷尔集，其中 Y 是 Ω 中的"事件"集，即与 X 相关的 n 阶伯恩斯坦多项式。由此，布朗运动模型就与概率空间 $(C([0,1],\mathbf{R}),B,W)$ 关联起来了，概率测度 W 是 $C([0,1],\mathbf{R})$ 上 W_n 测度分布的极限；随机变量 $B(x)$ 是 $C([0,1],\mathbf{R})$ 上给 x 赋值的简单映射。该测度即维纳测度。

综上，可以归纳出以下定理。

定理 6.3 B_n 由式（6.28）定义，$C([0,1],\mathbf{R})$ 上的概率测度序列 (W_n) 分布收敛到概率测度 W ，则概率空间 $(C([0,1],\mathbf{R}),B,W)$ 上由随机变量 $B(x)$ 定义的随机过程是 $[0,1]$ 上的布朗运动，其中 $B(x)(f) = f(x)$ 。

定理 6.4 是关于概率测度分布收敛的斯科罗霍德（Skorohod）准则。

定理 6.4 (B_n) 是 $[0,1]$ 上连续的高斯过程序列，且对每个 $[0,1]$ 上的有限集 $t_1 < t_2 < \cdots < t_m$ ，其高斯随机向量 $(B_n(t_1),B_n(t_2),\cdots,B_n(t_m))$ 分布收敛。设 $B_n(0) = 0$ 几乎必然成立，而

$$E(B_n(x) - B_n(y))^4 \leqslant C|x-y|^2$$

在 $[0,1]$ 上对某些绝对常数也成立，则 $C([0,1],\mathbf{R})$ 上的概率测度序列 $W_n = P(B_n)$ 分布收敛到测度 W ，且有以下性质：对每个 $x \in [0,1]$ ，在 W 测度的概率空间 $C([0,1],\mathbf{R})$ 上，B_n 序列分布收敛到随机变量 $f \mapsto f(x)$ 。

以上论述了构建布朗运动的理论方法，主要用于理论研究，不适合据此进行数学建模。因为要有效地计算样本 $B_n(x)$ ，就必须计算非常大的二项式系数

以展开伯恩斯坦多项式，或大量计算各种参数下二项分布的近似值。图 6.12 是当 $n = 5000$ 时计算得出的一条路径轨迹。

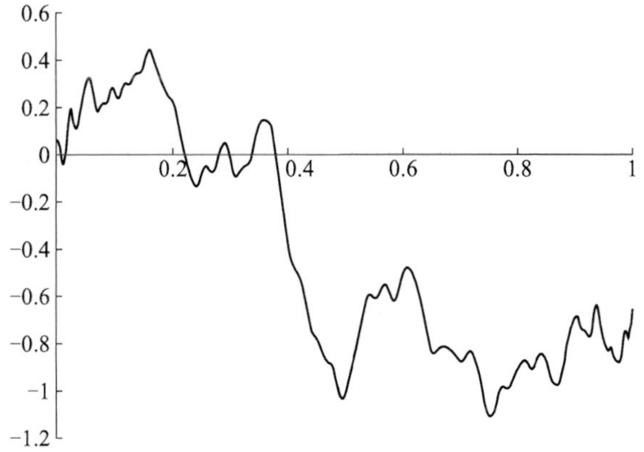

图 6.12

6.4.2　布朗运动路径的可微性

在获得了布朗运动的数学模型之后，如该模型是来自伯恩斯坦多项式，那么该如何获知样本路径的进一步性质，函数是否可微？下面从伯恩斯坦多项式出发对该问题进行研究。

为了下面论述方便，这里先给出伯恩斯坦的一个引理。

引理 6.5　若 $f:[0,1]\mapsto C$ 是连续函数，$x_0\in[0,1]$ 且导数 $f'(x_0)$ 存在，则

$$\lim_{n\to\infty}B_n\ (f)'(x_0) = f'(x_0)$$

可利用引理 6.5 反命题来研究布朗路径的可微点：若存在点 x_0，使得 f 的伯恩斯坦多项式的导数序列在 x_0 处不收敛，那么 f 在点 x_0 处是不可微的。

已知 $[0,1]$ 上的函数 $x\mapsto B(x)$，定义 n 阶伯恩斯坦过程 B_n

$$B_n(x) = \sum_{j=0}^{n}\binom{n}{j}B\left(\frac{j}{n}\right)x^j\ (1-x)^{n-j}$$

几乎可以肯定是一个连续函数的 n 阶伯恩斯坦多项式。注意尽管该定义与前面章节的 B_n 有共同的分布，但它们是无关的。

根据引理 6.5 可知，几乎可以肯定 B_n 一致收敛到 $B(x)$；其导数的收敛性可由 $B(x)$ 在一点的可微性得到。据此可以证明：对 $[0,1]$ 上的固定点 x_0，路径 $x\mapsto B(x)$ 几乎必定在 x_0 处不可微。

由引理 6.5 的反命题足可说明：几乎可以肯定序列 $(B_n{}'(x_0))$ 不收敛。由伯恩斯坦多项式的相关特性可得 $B_n{}'(x_0)$ 是一个中心高斯随机变量，下面计算其方差。因为

$$B_n{}'(x)=n\sum_{j=0}^{n-1}\binom{n-1}{j}Y_{nj}x^j(1-x)^{n-1-j}$$

其中 $Y_{nj}=B((j+1)/n)-B(j/n)$ 。由布朗运动的性质可知，Y_{nj} 是独立的中心高斯随机变量，方差为 $1/n$ 。因此根据正交性有

$$\begin{aligned}V(B_n{}'(x))&=n\sum_{j=0}^{n-1}\binom{n-1}{j}^2x^{2j}(1-x)^{2(n-1-j)}\\&=nR_{n-1}(x)\end{aligned}$$

其中 $R_{n-1}(x)=\sum_{j=0}^{n-1}\binom{n-1}{j}^2x^{2j}(1-x)^{2(n-1-j)}$ 。$R_n(x)$ 在本质上仍然是 n 阶伯恩斯坦多项式，与 $\{(x,y)\mid 0\leqslant x\leqslant 1,0\leqslant y\leqslant 1\}$ 上的不连续函数 $\delta(x,y)$ 相关，即 $\{(x,y):x=y\}$ 的特征函数在 (x,x) 处的值。因此可知在 $n\to\infty$ 时，伯恩斯坦定理不适用于 $R_n(x_0)$ ，且从因子 n 可以猜想 $nR_{n-1}(x_0)$ 的值会非常大，由此推断 $B_n{}'(x_0)$ 是几乎无界的。

现在关键是要得到 $R(x)$ 的一个较小边界。少数情况下，通过手动演算或借助计算机能很快得到，在区间 $[0,1]$ 上，$R(x)$ 的最小值在 $x=1/2$ 处，但当 $x=1/2$ 时，有

$$R_n\left(\frac{1}{2}\right)=2^{-2n}\sum_{j=0}^{n}\binom{n}{j}^2=\frac{\binom{2n}{n}}{2^{2n}}\sim\frac{1}{\sqrt{\pi n}}$$

根据斯特林（Stirling）公式，可以估计 $nR_{n-1}(x_0)$ 大小的数量级至少为 $\sqrt{n}$ 。

不等式

$$R_n(x)\geqslant R_n\left(\frac{1}{2}\right)(n\geqslant 1,x\in[0,1]) \tag{6.29}$$

成立，但其证明非常复杂。通过以下的概率解释能更好地理解该问题：$R_n(x)$ 是从原点开始伯努利随机行走，又在 $2n$ 步后回到原点的概率，其中各步骤相互独立，而前进 1 或 -1 的概率，在前 n 步分别是 x 和 $1-x$ ；而后 n 步则分别是 $1-x$ 和 x 。与式（6.29）不同的是，下述引理中的不等式的证明则非常简单。

引理 6.6 以下不等式对所有 $x\in[0,1]$ 均成立

$$R_n(x)\geqslant\frac{9}{32}\frac{1}{\sqrt{n}}$$

及

$$V(B_n'(x)) = E(B_n'(x)^2) \geqslant \frac{9\sqrt{n}}{32}$$

引理 6.6 保证了对每个固定的 x_0，在 x_0 处 $B(x)$ 几乎必然不可微。富比尼（Fubini）定理表明，几乎可以肯定 $B(x)$ 可微点集 x 的测度是 0。

命题 6.7　概率空间 $(\Omega, \sum, P)$，$B(x)$ 为定义在该空间 $0 \leqslant x \leqslant 1$ 的布朗运动，则几乎可以肯定在 $x_0 \in [0,1]$，$x \mapsto B(x)$ 在 x_0 处可微的勒贝格测度为 0。

图 6.13 刻画了图 6.12 中伯恩斯坦的导数曲线。

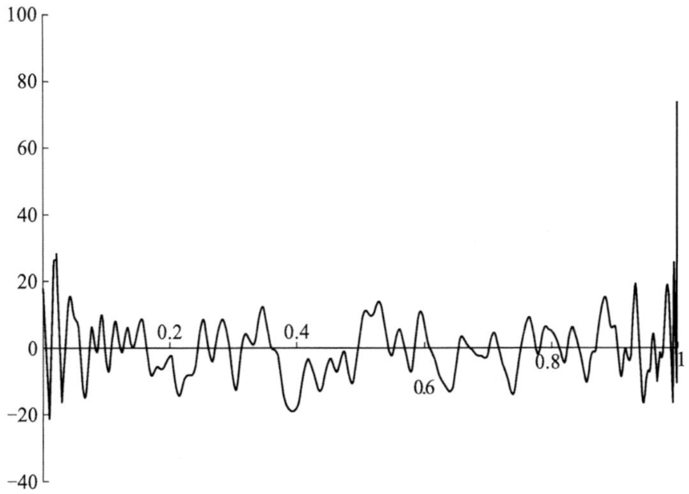

图 6.13

6.4.3　随机伯恩斯坦多项式的零点

下面对布朗运动与伯恩斯坦过程 B_n 进一步研究其零点的结构。先给出一个简单结果。

命题 6.8　若 $0 \leqslant a \leqslant b \leqslant 1$ 且 $N \geqslant 1$，则几乎可以肯定，对所有足够大的 n，$B_n(x)$ 在 $[a,b]$ 上至少有 n 个零点。

在对该命题进行定量研究时，自然就会问道：能否选取与 ω 独立的足够大的 n，使该结论成立？因为在 $[0,1]$ 上有零点的连续函数集 Z，在 $C([0,1],\mathbf{R})$ 上是闭集，且为开集满足 $\min|f| > 0$ 的函数 f 集的补集。所以

$$F_N = \{\omega: 对所有\ n \geqslant N, B_n(\omega, x)\ 在[a,b]\ 有一个零点\}$$

是可测的，则有 $F_N \subset F_{N+1}$ 且 $\lim P(F_N) = 1$。因此，对任意 ε，存在 N，使得当 $n > N$ 时，$B_n(x)$ 在 $[a,b]$ 上有零点的概率大于 $1 - \varepsilon$。

另一个问题就是至少得取多大的 N，a，b，才能使得 $B_n(x)$ 在 $[a,b]$ 上至少有一个零点？可以将该问题与零点集 $Z(\omega)=\{x\in[0,1]:B(\omega,x)=0\}$ 联系起来，该集几乎可以肯定是一个勒贝格测度为零的不可测集。

下面考虑普通的随机函数类型

$$f(x)=\sum_{i=0}^{d}a_i f_i(x)$$

其中 a_i 是高斯随机变量，其在 $\mathbf{R}$ 的可测子集 I 上的零点个数为

$$E(\mathrm{Card}\{x\in I:f(x)=0\})=\frac{1}{\pi}\int_I \rho(x)^{\frac{1}{2}}\mathrm{d}x$$

其中

$$\rho(x)=\left(\frac{\partial^2}{\partial x\partial y}\log Q\right)(x,x)$$

Q 为协方差函数 $Q(x,y)=E(f(x)f(y))$，当 $f_i(x)=\binom{n}{i}x^i(1-x)^{n-i}$，$a^i=B(i/n)$，则 $Q(x,y)=Q_n(x,y)$，$x\wedge y$ 的伯恩斯坦多项式可通过引理 6.1 计算。

第 7 章　随机过程理论的创建和发展

7.1　布朗运动的地位

总结一下布朗运动的知识，我们知道，称随机过程 $\{x(t), t \geqslant 0\}$ 为布朗运动，如果它满足下列条件：

（1）增量独立，即对任意 $0 \leqslant t_0 < t_1 < \cdots < t_n$ ，$x(t_0)$ ，$x(t_k) - x(t_{k-1})$ ，$k = 1$，$2, \cdots, n$ 相互独立；

（2）对任意 $t > s \geqslant 0$ ，增量 $x(t) - x(s)$ 有正态分布，平均值为 0，方差为 $D|t-s|$ ，其中 $D > 0$ 为常数；

（3）轨道 $x(t)$ 是 $t \geqslant 0$ 的连续函数；

（4）$x(0)=a$，a 为实数。

我们称它为自点 a 出发的(一维)布朗运动。

这就是维纳提出的数学模型，数学中所说的布朗运动，都是对此模型而言，而不是布朗最初观察到的微粒运动。

布朗运动还具有三个重要的性质。布朗运动的第一个性质是，由定义可见，布朗运动是正态过程，而且平均值和相关函数分别是

$$Ex_t = 0\ , \qquad Ex_s x_t = D(s \wedge t)$$

$s \wedge t$ 表示 s 与 t 中的最小者。反之，如果正态过程满足上式，而且轨道连续，那么它必是布朗运动。由此可推出布朗运动的一个重要性质，即尺度不变性：把横坐标伸缩 c^2 倍，纵坐标伸缩 c 倍(c 为非零实数)，令 $x_c(t) = \dfrac{1}{c}x(c^2 t)$，容易看出过程 $\{x_c(t), t \geqslant 0\}$ 也满足上式，可见它也是布朗运动。类似地证明，$\{-x(t), t \geqslant 0\}$ 及 $\left\{tx\left(\dfrac{1}{t}\right), t \geqslant 0\right\}$ 都是布朗运动$\left(其中\ x\left(\dfrac{1}{0}\right) = 0\right)$。

布朗运动的第二个性质是：它的轨道虽然连续，却处处不可微分，也就是说，处处没有切线。历史上，人们曾设想连续函数必定可以微分。第一位造出连续而处处不可微分的函数的人是德国数学家魏尔斯特拉斯，他举的例子曾震动了 19 世纪的数学界。而布朗运动的轨道都是这种函数，我们在 6.1 节做了详细介绍。

布朗运动的第三个主要性质是反射原理。设布朗运动沿轨道Ⅰ于时刻 s 到达 b 点后继续沿轨道Ⅱ前进；将Ⅱ相对于直线 $y=b$ 做一反射而得Ⅲ，那么

（Ⅰ）＋（Ⅲ）也构成布朗运动的轨道，说得更准确些，定义新的过程 z_t 如下

$$\begin{cases} z_t = x_t, & t \leqslant s \\ z_t = 2b - x_t, & t > s \end{cases}$$

那么随机过程 $\{z_t, t \geqslant 0\}$ 也是布朗运动。这就是著名的反射原理，利用它可以算出与布朗运动有关的许多概率分布。例如，可以求得极大值的分布。

自维纳之后，布朗运动变成了纯数学及应用数学热衷研究的对象，布朗运动的许多重要性质被陆续发现，并且无疑还有新的而有用的层面等待我们去发掘。对布朗运动在数学上的研究主要包括下面四个方面：①

（1）将布朗运动看成最基本的一个随机过程来研究，这是布朗运动的概率层面；

（2）透过布朗运动引出函数空间上有趣的维纳测度，进一步探讨这个空间上的分析学；

（3）发展一套工具以便描述在自然环境中出现的随机事件，如生物器官的功能；

（4）对于牵涉布朗运动的随机现象，提出从基础到广泛应用的理论架构。

我们知道，一门学科能够长期兴盛不衰，取决于两个重要因素：一是它本身有丰富的理论内涵，并能影响学科的发展；二是它对现实世界确有应用。布朗运动的数学理论就是一个典型。

随机分析学研究的最初动机就是通过布朗运动直接构造出扩散过程的，随机分析学的创始人就是通过定义布朗运动的随机积分，进而发展出一套理论。另外，人们在研究随机过程理论时，可以定性地讨论一般随机过程的性质，但很难取得定量的结果。布朗运动则不然，人们可以根据布朗运动特殊的性质定量地计算出许多结果。而且事情还不止于此，由于布朗运动既是马尔可夫过程，又是鞅、正态过程、莱维过程与独立增量过程，人们自然想到，关于布朗运动的结果对这些过程是否也正确？这样，布朗运动便成为研究一般过程的先导，成为方法和猜想的灵感源泉。因此，作为一种特殊的随机过程，布朗运动在随机分析学乃至整个随机过程理论中处于一个中心地位，同时，它也是随机分析学和随机过程理论的生长点。

布朗运动不仅自身有着丰富的理论结果，促进了其他概率论分支的发展，它还影响了其他学科的发展，如古典分析、位势论等，它使这些学科获得了许多新结果或新意义②。另外，布朗运动也有着广泛的应用领域，它被地应用

①飞田武幸．布朗运动论．蔡聪明，译．北京：世界图书出版公司，1992.

②Karatzas I，Shreve S E. Brownian Motion and Stochastic Calculus. 2nd ed. New York：Springer-Verlag，1991.

到统计物理、生物、经济、通信及管理等许多方面。

布朗运动还是分形的一个典型，分形的创始人芒德布罗(Benoit Mandelbrot)把布朗运动轨迹视为二维分形。自 1950 年以来，IBM 的芒德布罗总是碰到与布朗函数的图形类似的奇怪集合，其他工作人员在研究以固有的不规律为特点的现象时也经常碰到，即使改变了观测范围的精度，这种不规则性仍然存在。例如，这种不规则是岩石上锯齿状直线。为了处理这种不规则，芒德布罗挑选了一些集合，它们的豪斯多夫维数超过了拓扑维数，称它们为分形，但是显然这个定义是限制性的。大致说来，无穷多次重复一个步骤后就出现了分形，步骤包括分解集合及改变大小。包含这些运算的公设似乎会提供这方面的好办法，其中“分形”是基本术语。1968 年芒德布罗与尼斯（J. W. van Ness）合作发表了一篇重要论文“分数布朗运动、分数噪声及应用”，文章通过引入“记忆”推广了布朗运动。因此事实证明，维纳的理想化布朗运动，是物理及纯数学面临的越来越多分形的鼻祖。

另外，显然可以把布朗运动的概念推广到多维。多维布朗运动有一些有意义的性质，并不仅仅是一维情况的推广。例如，多重点、卷绕数等。这一领域中更重要的是发现了多维布朗运动和位势论的密切关系。莱维、角谷静夫创建了这一方向，杜布等充分发展了这一分支。根据这一理论，调和函数的狄利克雷有界值问题的解可用布朗运动的语言给出①。杜布给出了调和函数的有界性的一个漂亮的概率解释。卡茨用布朗运动解出了有吸收项（或位势项）的热方程。

令人惊讶的是，所有这些发展都是建立在维纳的布朗运动工作基础之上的。

7.2　其他随机过程

随机过程的一般定义是：设(Ω ，$\mathbf{F}$，P) 为概率空间，T 为指标 t 的集合(通常视 t 为时间)，如果对每个 $t\in T$，有定义在 Ω 上的实随机变量 $X(t)$ 与之对应，就称随机变量族 $X=\{X(t), t\in T\}$ 为一随机过程（简称过程）。过程 X 实际上是两个变元(t, ω)（$t\in T$，$\omega\in \Omega$ ）的函数，当 t 固定时，它是一个随机变量，当 ω 固定时，它是 t 的函数，称此函数为随机过程（对应于 ω）的轨道或样本函数。

---

①王梓坤．布朗运动与位势论．北京：科学出版社，1976.

对过程的概率结构作各种假设，便得到各类特殊的随机过程。例如，正态过程、独立增量过程、马尔可夫过程、平稳过程、鞅、点过程和分支过程等。①

1. 马尔可夫过程

在斯莫鲁切夫斯基思考布朗运动的同时，俄国数学家马尔可夫（Andrey Andreyevich Markov，1856～1922）开始研究现在所谓的随机过程，而不再研究数论和分析。马尔可夫出生在梁赞（Ryazan），这座城市位于莫斯科东南方大约100英里处，但是他一生大部分时间在圣彼得堡度过。

马尔可夫致力于研究概率论的中心极限定理和大数定律——也称为伯努利定理。他另一项著名的贡献是研究了一类随机过程，即所谓的马尔可夫链（当一位数学家发现了一个新的数学结果，通常是在他逝世之后，别的数学家才用发现者的名字命名这个结果的。马尔可夫则与众不同，他自己把这类过程命名为马尔可夫链）②。马尔可夫链有下列三条重要性质：

（1）马尔可夫链,或马尔可夫过程是一列随机事件；

（2）一旦知道现在的状态,就能知道未来状态的概率；

（3）未来状态的概率只受现在状态的影响,不受过去状态的影响。

要预测布朗粒子的未来位置，以上性质就是我们必须做的假设。随机事件序列就是步骤，或“链接”的序列，马尔可夫链就是微粒沿它的随机路径运动。微粒的当前位置决定了它移动到将来位置的概率，所有这种概率称为转移概率，并决定了粒子的运动。然而，微粒到达当前位置之前的路径对将来的位置没有影响。

马尔可夫对随机过程的兴趣广泛。虽然他没有发展出关于布朗运动的思想，但是他的思想被成功地用于布朗运动的研究。马尔可夫的研究动机主要是想把概率论严格化。今天，马尔可夫过程被用来描述股票市场的行为，生物科学、社会科学中的大量问题，当然还有布朗运动，马尔可夫过程也是研究数学交换理论的基础知识。

1906年马尔可夫在《大数定律关于相依变量的扩展》中首次提出了一类非独立的随机变量序列模型，其特点是：已知现在的状态，未来与过去独立。后来就把具有这种“无后效性”的随机过程称为马尔可夫过程。他还证明了

---

①中国大百科全书出版社编辑部．中国大百科全书：数学卷．北京：中国大百科全书出版社，1988：645.

②约翰·塔巴克．概率论和统计学—不确定性的科学．杨静，译．北京：商务印书馆，2007：89-90.

如果变量和增长速度低于 n^2，该模型就符合大数定律。1907 年他在《科学院通报》上发表“相依试验的一种特殊情况”，证明了仅有 0，1 两种状态的齐次马尔可夫链的中心极限定理。1908 年又将结果推广到具有有限状态的任意齐次马尔可夫链的情况。1910 年他又在“成连锁试验的普遍情况研究”中证明了两种状态的非齐次马尔可夫链的中心极限定理，这些概念后来被扩充到连续时间和任意位相空间，推动了 20 世纪二三十年代概率论的发展。他发表的一系列论著中，提出并研究了一种能用数学分析方法研究自然过程的一般图示，即马尔可夫链，同时开创了对一种无后效性的随机过程，即马尔可夫过程的研究。①

马尔可夫引进了离散时间马尔可夫链和有限多个状态的马尔可夫链，他证明了第一个遍历定理，假设转移概率严格为正。科尔莫戈罗夫把这一理论推广到可数状态空间及任意转移概率。特别是，他注意到状态空间分解成不可约集，用常返性和周期性对状态分类，并描述了 n 步转移概率的近似行为。

巴切利尔注意到随机游走和扩散之间的关系，这启发科尔莫戈罗夫（1913）给出了连续时间马尔可夫过程的精确定义。他的方法是纯分析的，由一组满足科尔莫戈罗夫-查普曼方程的转移核所指明的分布。但是科尔莫戈罗夫（1931）没有提到样本路径。概率方法的变化始于莱维（1934～1935）和多贝利 Doeblin（1938）的工作。虽然他们非正式地使用了强马尔可夫性，但是这一结果由杜布（1945）首次叙述并证明②。

马尔可夫过程的概念是由马尔可夫链推广而产生的。作为它的引申，马尔可夫过程在随机过程理论中占有特殊的地位，这是因为在它的定义中本质地使用了概率论的概念，而正是这些概念使得概率论从一般测度论中分离出来，成为一门独立的科学。马尔可夫过程的一个重要特点，是它可以用不多的构造性的特征量，来描述过程的全部有穷维分布，从而可以计算过程的各种泛函的分布。它的另一个重要特点是它发展的进化性：过程现在的状态完全决定它将来的概率状态。因此，在很多场合，如果适当地扩充过程的相空间，就可以把所要研究的过程化为马尔可夫过程。此外，由过程发展的进化性可以导出递推关系式（对离散时间情形）或进化方程（对连续时间情形），从而决定过程的概率特征。

马尔可夫过程的一般概念是科尔莫戈罗夫在《关于概率论中的解析方法》（*On analytic methods in probability theory*）一文中提出的。他研究了随机决

①梁宗巨．自然科学发展大事记：数学卷．沈阳：辽宁教育出版社，1994：91.

②Kallenberg O. Foundations of Modern Probability（second edition）．北京：科学出版社，2006.

定体系——现在状态能完全决定将来概率状态的体系，这些体系由函数 $F(t,x;s,E)$ 来描述，$F(t,x;s,E)$ 是体系在时刻 t 处状态 x，而在时刻 s（$s>t$）的状态属于 $E\in B_s$ 的概率（我们令 $\Omega(B,P)$ 为基本概率空间，S 为具有第二可数性的局部紧致空间，而 B_s 为 S 中所有的博雷尔集）。$F(t,x;s,E)$ 被称为给定马尔可夫过程的转移概率，它满足方程

$$F(t,x;s,E)=\int F(t,x;u,\mathrm{d}y)F(u,y;s,E)\,,\qquad t<u<s$$

这就是著名的科尔莫戈罗夫-查普曼方程，由此也引出了讨论此方程各类解的问题。

科尔莫戈罗夫指出，假如 $\Omega(B,P)$ 由可列个点（$x_1,x_2,\cdots$）组成时，转移概率由一组函数 $p_{ij}(t,v)=P(t,x_i,s,\{x_j\})$ 所决定（$\{x_j\}$ 是一个点 x_j 所组成的集合），并且证明了在一定的条件下，$p_{ij}(t,s)$ 满足下列微分方程

$$\frac{\mathrm{d}p_{ij}(t,s)}{\mathrm{d}s}=\sum_k a_{ik}(t)p_{kj}(t,s)$$

$$\frac{\mathrm{d}p_{ij}(t,s)}{\mathrm{d}t}=\sum_k p_{ik}(t,s)a_{kj}(s)$$

科尔莫戈罗夫研究的另一个重要的随机过程类，是有转移密度 $F(t,x,s,y)$ 而概率空间是有穷维欧几里得空间的过程类。当函数 $F(t,x,s,y)=f(t,x;s,y)\mathrm{d}y$ 时，便得到了下列相关的偏微分方程

$$\frac{\partial f(t,x;s,y)}{\partial t}+a(t,x)\frac{\partial f(t,x;s,y)}{\partial x}+\frac{1}{2}b^2(t,x)\frac{\partial^2 f(t,x;s,y)}{\partial x^2}=0$$

$$\frac{\partial f(t,x;s,y)}{\partial s}+\frac{\partial}{\partial y}[a(t,y)f(t,x;s,y)]-\frac{\partial^2}{\partial y^2}\left[\frac{b^2(t,x)}{2}f(t,x;s,y)\right]=0$$

这就是著名的科尔莫戈罗夫后向方程、前向方程。

假设一个粒子沿实数轴以离散步骤来回移动。假设它从 0 点开始运动，并且只能向左或向右移动一个单位长度。具体地说，就是第一次移动后，它只能位于点 $x=1$ 或 $x=-1$。假设它向右移动的概率是 p，那么向左移动的概率就是 $1-p$，其中 $0<p<1$。如果我们令 $p=1/2$，那么就可以把这个马尔可夫过程简化为下面这个模型：粒子沿一条直线移动，每次只能移动一步，通过掷硬币决定走哪个方向，“正面”代表向前，“反面”代表向后。掷一次硬币，走一步，不断地重复这个过程。这就是一维布朗运动的数学模型。

人们已经深入地研究过马尔可夫链。虽然它很简单，但是有许多复杂的推广。在物理上，这些推广可以用来研究扩散现象，这一过程是不同气体或液体混合后分子的随机运动的结果。扩散过程也出现在生命科学。例如，有时用扩散过程描述物种的运动。在数学上，一维马尔可夫链已经被广泛推广，其中最明

显的是把粒子的一维运动变为二维或更高维的运动。一个更精细的推广则是改变上述模型，使粒子在时间、空间上连续地运动。换言之，也就是不存在离散步骤，粒子随机地从一处游动到另一处。这种类型的运动称为连续马尔可夫过程。对马尔可夫链及连续马尔可夫过程的研究继续吸引着数学家和科学家的注意。

2. 鞅

鞅是一类特殊的随机过程，起源于对公平赌博过程的数学描述。设 T 是实数集 $\mathbf{R}$ 的一个子集，$X=\{X(t), t\in T\}$ 是概率空间（Ω，$\mathcal{F}$，P）上的随机过程，$E|X(t)|<\infty$，又设 $\{\mathcal{F}_t, t\in T\}$ 是一族随 t 增大的 $\mathcal{F}$ 的子 σ 域，而且 $X(t)$ 是 $\mathcal{F}_t$ 可测的（即对任何实数 x，事件 $\{X(t)\leqslant x\}\in\mathcal{F}_t$），$\mathcal{F}_t$ 可以理解为到时刻 t 为止通过观测可能获得的全部信息。若对任何 s，$t\in T$，$s<t$，$X(t)$ 关于 $\mathcal{F}_s$ 的条件期望就等于 $X(s)$，即 $E(X(t)|\mathcal{F})=X(s)$，则称 X 为（$\mathcal{F}_t$）鞅，或简称为鞅。$\mathcal{F}$ 如果形象地把 $X(t)$ 看成一场赌博中某个局中人在时刻 t 的本金，$\mathcal{F}_s$ 看成他到时刻 s 为止积累起来的经验，那么鞅的性质就是表明，不论他在时刻 s 以后的赌博中如何利用已得到的经验 $\mathcal{F}_s$，他所能期望于未来时刻 t 的本金仍然只能是 $X(s)$，这正是“公平性”的体现。布朗运动、均值为零的独立增量过程（如泊松过程）都是鞅的典型例子①。

莱维等早在 1935 年就发表了一些孕育着鞅论的论文。从 20 世纪 30 年代起，莱维等就开始研究鞅序列，把它作为独立随机变量序列的部分和的推广。1939 年，维尔（J. Ville）首先把“鞅”一词引进概率论。他借用了法文“Martingale”有“倍赌策略”（即赌输后加倍赌注）这一含义，首次采用了鞅这个名称。该词的另一含义是现在的中译名“鞅”。

对鞅进行系统研究并使之成为随机过程论的一个重要分支的，应归功于杜布。1953 年，杜布在他的《随机过程》这部历史性专著中首次系统总结了他和莱维等有关鞅的理论及应用成果，使鞅论成了随机过程理论的一个独立分支。他证明了，鞅在随机过程理论中起着重要的作用，在后来的工作中证明，鞅也有助于理解概率论以外的数学分支，尤其是经典位势论②。1962 年，迈耶解决了杜布提出的连续时间的上鞅分解为鞅及增过程之差的问题。在解决这个问题的过程中，出现了很多新鲜而深刻的概念，使鞅和随机过程一般理论的内容大大丰富起来。鞅论的一些基本定理和方法已经日益成为各类随机过程研究的有力工具。鞅的研究丰富了概率论的内容，并引起人们用它所

①中国大百科全书出版社编辑部．中国大百科全书：数学卷．北京：中国大百科全书出版社，1988：790.

②Snell J L. Gambling, probability and martingales. Mathematical Intelligencer, 1982, 4: 118-124.

提供的新方法和新概念对概率论中许多经典的内容重新审议，把以往认为复杂的东西纳入鞅论的框架而加以简化。

通过布朗运动，可以把许多结果推广到鞅，例如，①通过布朗运动，可以把高斯极限定理推广到很广的一类随机游走的近似及离散时间鞅；②通过一个适当的随机时变，可以用布朗运动的语言表示每个连续局部鞅[①]。

3. 莱维过程[②]

莱维过程 $X=(X(t), t\geqslant 0)$ 是满足下面条件的随机过程：

（1）X 有独立平稳增量；

（2）每个 $X(0)=0$（以概率 1）；

（3）X 是随机连续的，即对任意的 $a>0$，$s\geqslant 0$，有 $\lim_{t\to s}P(|X(t)-X(s)|>a)=0$。

莱维在 20 世纪 30 年代首先研究这类过程，为了纪念他，所以以他的名字命名。莱维过程的主要结构在概率论的“英雄时代”，即 20 世纪三四十年代被人们理解，这主要归功于莱维、辛钦和伊藤的工作。在 20 世纪 90 年代人们对这些过程重新产生了兴趣，主要是因为新的理论发展及丰富的新应用——特别是，数学金融中的期权定价。除了大量的研究文章，也出版了许多关于这一主题的著作，从 1998 年起每年还有相关的国际会议。莱维过程之所以重要的原因有以下 6 个。

（1）有许多重要的例子，如布朗运动、泊松过程、稳定过程、从属过程。

（2）它们是从随机游走推广到连续时间的。

（3）它们是最简单的一类过程，它们的路径由连续运动组成，散布着在随机时间出现的跳跃不连续性。

（4）它们的结构有许多特征，它们可以自然推广到更多种过程，如半鞅、费勒-马尔可夫过程、与狄利克雷型有关的过程、自相似过程。

（5）它们是噪声的自然模型，可以用来构造随机积分，解决随机微分方程。

（6）它们的结构从数学上是坚固的，可以从欧氏空间推广到巴拿赫空间、希尔伯特空间、李群和对称空间，用代数方法可以推广到量子群。

---

①Durrett R. Brownian Motion and Martingales in Analysis. Belmont：Wadsworth，1984.

②Applebaum D. Lévy processes—from probability to finance and quantum groups. Notices of the AMS，2004，51：1336-1347.

7.3 杜布与随机过程理论

美国数学家杜布（Joseph Leonard Doob，1910～2004）对随机过程理论的贡献也很大。他的著作《随机过程》（*Stochastic Processes*）系统而严格地阐述了随机过程的基本理论，建立了随机函数理论的公理结构。除本书外，他在 1945 年最先引入了“停时”（描述某种随机现象发生的时刻，它是普通时间变量的随机值）思想，而这一概念的引入在随机理论发展史上占有重要的地位：它引起许多新的研究课题，而且扩大了理论的应用范围；1949 年，他指出科尔莫戈罗夫-斯米尔诺夫统计量的极限分布与布朗桥的上确界的分布相同，这一事实引起概率论与数理统计学界的高度重视；晚年则致力于探讨位势理论和马尔可夫过程之间的联系等问题①。

7.3.1 生平

杜布，1910 年 2 月 27 日出生于美国俄亥俄州的辛辛那提，卒于 2004 年。其父属于移民一代，由捷克移民美国，改名为“Doob”②。在文法学校（相当于初中）杜布曾做了一个晶体收音机。高中时，杜布对无线电产生兴趣，不仅学习了莫尔斯电码，通过了职业资格考试后，建立了一个无线电广播电台。1926 年杜布凭借他排名第七的成绩免试进入哈佛大学，根据自己的兴趣主修数学物理。然而在学习两门物理课程之后，决定转修数学，并在大二第一学期选修了三门数学课程。1930 年，杜布毕业，获得数学专业学士学位。他考虑继续博士学位，希望斯通（Marshall Stone）做导师。而斯通建议杜布找沃尔什（J. L. Walsh），因为沃尔什从不缺乏研究问题。沃尔什接收了杜布并建立良好关系，杜布笑称：“我们两个人互不打扰。”③ 沃尔什并没有严格要求杜布，特别是在管理相对宽松、允许学生充分发挥个性的哈佛中，杜布逃了很多课，培养自己数学及其他方面的兴趣爱好。例如，杜布经常在图书馆浏览书籍，这使他了解数学的众多分支。一年之后杜布就取得了硕士学位，并与菲尔德（Elsie Field）结婚④。又仅用一年，即 1932 年便获得博士学位。博士

---

①梁宗巨．自然科学发展大事记：数学卷．沈阳：辽宁教育出版社，1994：118.

②杜布的父亲，移民前还叫“Dub”，捷克语的意思是“橡树”。当移民到美国后，因不喜欢美式发音被称作“dub”[d∧b]，改名为“Doob”。为了保留原来发音而改变拼写，这种情况还是少见的。

③Laurie Snell J. A conversation with Joe Doob. Statistical Science，1997，12（4）：301-311.

④杜布与妻子的相识很有趣，据杜布讲，他们在波士顿交响乐音乐会上邻座了两年才开始说话的。

论文是关于解析函数的边值问题，他在《美国数学会》期刊上发表了相关的两篇文章。

如此短时间内获得博士学位，其专业深度或数学知识的广博多少令人有所质疑，的确，杜布承认他几乎不了解与博士论文无关的任何数学知识。不过幸运的是，斯通雇杜布录入他的书稿《希尔伯特空间中的线性变换》，因此杜布顺便阅读了大部分内容，这对他后来的研究很有用。之后杜布在哥伦比亚（Columbia）和普林斯顿（Princeton）作博士后。1935 年到伊利诺伊大学（Illinois）数学系工作，直到 1978 年退休。

在第二次世界大战期间，他作为海军的文职顾问在华盛顿（Washington，D.C.）和关岛（Guam）短暂工作①。1942 年，参与督战工作的数学家维布伦招募杜布等去华盛顿为海军工作。然而杜布面对的问题完全不同于他的数学工作，杜布不擅长将数学应用于实际问题当中，常感到自己是个局外人而倍感困扰。他需要的是一个可以不用图书馆就能进行的数学研究。1945 年物理学家、工程师、统计学家休哈特（Walter A. Shewhart）解救了杜布，他邀请杜布写统计丛书中的一本。杜布决定写一本随机过程的书，但对此类应用一无所知，遂打算让维纳写书中随机过程在电气工程中的应用的部分。杜布开始在华盛顿写书，仅仅写无须在图书馆查阅资料就可以独立完成的主题。1946 年，杜布返回伊利诺伊州的厄巴纳市，与维纳会面谈论书稿内容。杜布打算缩减书中的测度理论，因为许多概率学家抱怨测度理论抹杀了学科的魅力，而且也没有贡献任何新的理论，于是杜布尽量回避使用“测度”这个词。很快，杜布陷入了困境——措辞变得晦涩以至于文章都不可读，杜布不得不对测度理论进行明确的解释。杜布清晰地看到数学概率与测度理论之间密不可分的关系，而这也正是这本书的主要成就之一，就是通过在基本定义上和进一步实际工作中建立的测度理论，使概率论在数学上有了意义。更确切地说，概率正是测度论的一个分支，具有自己的研究特点和应用范畴，这一事实很清晰，或者本应该很清晰。然而数学家在这个问题上的认识并不一致，虽然有数学家将测度理论作为分析的一部分，但是许多概率学家认为对样本函数的研究是“概率”，而对随机变量分布的研究是“分析”。如我们今日所

①第二次世界大战迫使美国政府将数学与科学技术、军事目标空前紧密地结合起来，开辟了美国数学发展的新时代。1940 年成立了“国防研究委员会”（NDRC），为军方提供科学服务。1941 年美国参战，联邦政府开始大幅度增加科研经费的拨款。1942 年，NDRC 又成立了应用数学组（Applied Mathematics Panel，AMP）。它的任务是帮助解决战争中日益增多的数学问题。全美最有才华的数学家都投入了这项工作。AMP 的大量研究涉及“改进设计以提高设备的理论精确度”和“现有设备的最佳运用”。

熟知，概率用于度量随机事件发生的可能性。从逻辑上说，概率不过是一种特殊的测度而已。基于这样的理解，使得概率论的相当部分自然地纳入测度论的框架之内。因此，使用测度论的语言与方法不仅不应成为概率论的障碍，而且是理所当然，应视为沟通实分析与随机分析的桥梁。

另外，本书中正式使用了“随机变量”这一术语①。书中首次介绍了他的鞅论系统的研究成果。《随机过程》这本专著在 1953 年出版，成为杜布的成名之作，且被视为随机过程理论划时代奠基经典之作。虽然时至今日，这本著作已不被引用且被后人超越，但是它完成了启迪后继概率学家不断提出新观点与新思想的历史使命。此外，他还在 1984 年、1993 年分别完成两本著作：《经典势理论及其概率》和《测度论》。杜布开创性的工作集中体现两个方面：连续参数随机过程测度理论和概率位势理论。

杜布一生获得过学术名誉有②：国际数理统计学会主席（1950）、美国数学学会理事长（1963～1964）、美国艺术科学院成员（1965）、法国科学院成员（1975）、Carter 国家总统科学奖（1979）、美国数学会 Steele 奖（1984）。

7.3.2　杜布的数学

数学工作者在博士阶段做的工作基本奠定了研究范畴，日后工作不会偏离很多，更多的是沿着博士期间的工作深入展开，而杜布延续博士期间的工作也仅体现在他后来发表的两篇关于解析函数的文章，而这一主题在当时较为关注的领域，如果他继续深入也同样可能得到结果，他中途转向，主要由客观原因决定，他只有选择概率论才可以解决自己的经济困境。对于杜布在大学期间的转变专业及数学领域的改弦易辙，终有理论建树，不得不说，杜布对自己的清晰认识与准确定位，他“希望知道自己在做什么，以及为什么这样做”③，这一点尤为不易。

杜布刚进入大学时，物理课程令他失去兴趣④，但又困惑于选择课程，不知向谁去寻求建议，最终大学二年级时他注册了数学系三门数学课程。当时哈佛

①杜布与费勒对这个概念有过一次争论。费勒断言，每个人都会说“随机变量”，而杜布坚持，每个人都会说“机会变量”。而他们有必要在各自的书中统一名称，他们决定通过一个随机过程解决问题——抛掷硬币决定采用何种说法，费勒赢了。于是他们两个人的书中都采用了随机变量的说法。

②Laurie Snell J. Joseph Leonard Doob. Journal of Applied Probability，2005，42（1）：256.

③Laurie Snell J. A conversation with Joe Doob. Statistical Science，1997，12（4）：301-311.

④杜布在大学第一年的物理课程成绩非常好，但是感觉却很不好。即便能够解决所有布置的作业问题，但他从来不觉得自己知道发生了什么事情。杜布在忍受了好几节充满柴油电力机车图片的电力课后，决定放弃这门学科。

大学数学系的数学课程节奏缓慢：大一两个学期课程分别是解析几何与微积分，大二处理微分和一部分积分，大三介绍偏导、有理函数的积分与多重积分。前三年的数学课程中并没有引入ε语言，仅有一些关于极限的备注，直到大四的分析课程“解析函数”，才引进了ε-δ的方法，那时候几乎没有英文版的高等数学书，使用奥斯古德（W. F. Osgood）的德文版教材《函数论》，因此许多学生不得不同时学习德语、ε-δ方法、复变函数论。学习到微积分时，杜布称“这是唯一一门他参加过的、能够感受到乐趣的课”。[①] 至此，杜布真正踏入数学领域。

杜布博士阶段的数学工作源自同在哈佛的塞德尔（Wladimir Seidel）的工作。塞德尔写了一篇文章关于定义在圆域上的解析函数的边界点聚值问题，他需要一个引理，他们就此进行了讨论。杜布想出通过一个复杂的迭代几何过程来解决这个问题。虽然多年后看这个问题微不足道，但这个引理却使杜布开始思考解析函数与它们在定义域边界上极值之间的关系，并以此作为博士论文。当杜布1932年博士毕业后，正处于美国经济大萧条时期[②]，他也无法找到工作而一度沮丧，停止了博士工作的后续研究。在纽约待了两年一直寻找就业机会，哥伦比亚的库普曼（B. O. Koopman）建议杜布去找统计学教授哈罗德·霍特林，做概率统计方向有资金。于是杜布得到卡内基公司的资助，与霍特林一起开展工作，经济因素促使杜布转入了概率。

说到杜布研究重心由复变函数理论移到概率论，除了客观背景也有个人原因。提到数学家，公众的想象中是博闻强识，然而杜布却是例外。他记忆力欠佳，数学文化的阅读对于他的数学未起任何作用，即便看过数学评论、期刊文章，但展开工作时马上就遗忘了。数学背景知识也只限于杜布自己的研究范围内。杜布并不喜欢阅读，除非正在进行与阅读相关的研究，记忆和理解阅读材料要花费相当长时间。除非有明确计划时，他才会完成过数学上的阅读。若要深入地研究复变函数理论，进一步开拓博士论文的观点，就要学习更多的背景知识，如拓扑，但是杜布并不愿意学习拓扑，概率论在当时还算新兴理论，甚至还未完全独立发展为一门学科，杜布选择概率论，也正好符合他不希望有太多背景知识的特点。

7.3.3 鞅论

鞅论是概率论发展进程中重要的一个分支，然而对概率论的本质认识，

---

①Laurie Snell J. A conversation with Joe Doob. Statistical Science，1997，12（4）：301-311.

②1929年10月24日，美国股市崩溃，一场经济危机风暴席卷美国。生产下降、失业率高，波及范围广且持续时间长，从1929年到1941年，世界经济进入了噩梦般的长达10余年的大萧条时期。

在 20 世纪初期还不甚明了，庞加莱在 1912 年写道：我们几乎无法给出一个令人满意的概率的定义，甚至认为概率是非数学的东西。直到 20 世纪 30 年代初才明确，这个与数学经典分支地位相当、非数学背景的分支，被命名为“概率论”。科尔莫戈罗夫 1933 年发表了概率论数学基础的文章，基于测度论提出了现在所熟知的概率论公理化体系，给出了概率的理论界定，随机变量的期望值和条件的期望值；他还创造了在无穷维坐标中建立概率论的方法。概率学家们往往将函数称为随机变量，并用 X,Y 等字母表示，还有一些概率学家把一些积分称为“期望”，并用字母 E 或 M，而不是积分符号来表示。初期出现的这些概念与表示引起数学家对概念确定性的怀疑。这样的概率论发展背景下，杜布完全不了解这个领域，所以他看概率没有传统的偏见，虽然无法给出数学上令人满意的定义，但杜布始终坚持一个原则：每一个非数学概率的断言都意味着一个数学对应物。言外之意是，概率中看上去非数学的断言都有独立对应的数学表达。这个原则首先引导杜布认识到数学定理与赌博系统是相对应的，在这个系统中，独立同分布打赌是任意地打赌，而非有先见之明，并且不会改变结果的可能性。再后来，一个公平的比赛在随机采样的条件下仍然公平，这个想法把杜布引向了鞅方法理论。回答起点问题：杜布为什么会对鞅感兴趣？杜布开始学习概率时的目标之一就是得到未正确形式化的概率断言在数学上的陈述和证明。而当时人们对公平赌博问题的关注也促使杜布从数学上给予形式化和一般化，这就是杜布鞅论工作的起点。

那么鞅究竟是什么①？本质上，鞅是一个过程，这个过程可以理解为一个进行公平赌博的赌徒的财富(变化)情况。通俗说，鞅是公平游戏的模型，知晓的过去事件无助于预测将来能赢。特别地，鞅是一个随机过程（随机变量序列），在现实序列的某个特定时刻，当前时刻知晓所有先前观测值条件下，下一次的值的期望等于此刻观测值。如果要对鞅产生更清晰的印象，比较一下非鞅过程：这个过程中某个时刻的期望值等于下一时刻的期望值。那么，知晓先前结果可能减少未来结果的不确定性。鞅排除了根据游戏历史获取赢的策略的可能性，这就是一个公平游戏的模型。从上述鞅与非鞅过程的比较，可以看出鞅的本质：公平！（即与历史无关只与现在有关）。用数学上满足的条件来刻画这个“公平”就是

$$E[X_{n+1} \mid X_1, \cdots, X_n] = X_n$$

①最初，鞅是指 18 世纪法国兴起的一类赌博策略，后来进入到概率理论中的鞅概念在 1934 年由 Paul Lévy 引进，但他并没有命名为“鞅”，这个术语是后来 Jean Ville 于 1939 年作为“博弈系统”的同义词引进的，他将定义扩展到连续鞅。鞅理论奠基性发展工作被认为由 Doob 完成。

这个用条件期望来刻画的定义是区别或判别一个随机过程是否为鞅（过程）。在数学家讨论鞅问题过程中，杜布关注鞅的部分动机就是要表明：成功赌博策略是不可能的。换句话说，如果有人期望通过公平赌博活动致富，那么数学家明确地告诉他：不可能!

鞅论分为离散鞅和连续鞅，在杜布建立的鞅论中包括的基本概念和重要定理有上鞅、下鞅、停时定理、鞅收敛定理、鞅不等式鞅差列的强大数律、鞅的中心极限定理等。数学上，鞅论可以应用在调和与下调和函数研究方面，是随机过程与数理统计研究的有力工具；实际问题中广泛应用于金融、医学及保险。

我们已经知道，杜布的离散鞅的直观解释：在一场公平的博弈中，不管过去和现在在结果方面多么奇特，博弈者（有条件的）期望下一次的整个所得恰好是博弈者现在所有的总和（即不输）。除了用鞅的定义或模型来判断一个随机过程是否为鞅过程，更重要的是在实际问题当中，有很多鞅的例子，运用鞅理论中的方法可以解决这些问题。

例如，公平赌博中赌徒的赌资、无偏随机游走、波利亚的罐子[①]、$Y_n = X_n^2 - n$ 是一个鞅、棣莫弗鞅、似然比检验[②]、变形虫、生态系统某物种的数量是鞅、沃尔德鞅等。这些例子中的鞅有实际应用，如波利亚罐子模型，可适用于描述群体增值和传染病的传播等现象。

自杜布 1953 年在著作《随机过程》中建立鞅论之后，其在理论和应用上的重要性日益凸显。例如，若进行深刻的统计大样本理论问题的研究工作就必须熟悉鞅论。

20 世纪 40 年代，杜布从复分析转到了概率，对复分析的熟悉，促使他联系鞅和调和函数之间的关系，并致力于发展基于概率位势理论的鞅。

7.3.4 随机过程[③]

通常所说的随机过程就是随机函数，“过程”凸显了系统状态随时间演进

①这是统计学中的经典例子，波利亚罐子模型是指，在一个罐子中放若干颜色的球，每次从罐子中取出一球，记下颜色再放回，继而放回，同时再加入一个相同颜色的球，则 n 次抽取后每种颜色的球占总数的比例是一个鞅。

②一个随机抽样 x_1，x_2，…，x_n，…可能满足概率分布 f，也可能满足概率分布 g，令$Y_n = \prod_{i=1}^{n} \frac{g(x_i)}{f(x_i)}$，如果这个抽样满足 f，而不满足 g，则该似然比是一个鞅。

③Ronald Getoor. Doob J L. Foundations of Stochastic Processes and Probabilistic Potential Theory. The Annals of Probability，2009，37（5）：1647-1663.

的动态特征。在现代随机数学中，随机过程已发展为内容丰富的课题，此处我们回溯到杜布时期的随机过程的发展状况。

随机过程是一个数学研究对象，20 世纪 30 年代的数学家并不像今天我们这样自然地理解，这个时期几乎没有任何连续参数随机过程的理论。杜布首先在 1937 年的文章中开始严格阐述这个问题，1953 年的专著《随机过程》是他在连续参数随机过程工作中的精髓。杜布的连续参数随机过程起因于 1933 年科尔莫戈罗夫的证明：怎样构造一族具有给定有限维分布的随机变量。当指标集可数时，他的构造是恰当的，也是容易直观理解的——任何一族具有给定有限维分布的随机变量应该都是该经验过程的一个合理模型；然而这个结构中并不包含指标集不可数情形，此时就要修改科尔莫戈罗夫构造，使得当事件在时间连续或时间可测时的概率能够被定义。也就是说，样本途径的正则性在随机过程理论发展中是需要的。杜布重新定义了随机过程。

杜布获得的两个定理是他努力严格处理连续参数过程的最好结果。

定理 1 令 X 是一个随机过程，那么存在 X 的一个标准修正 $\widetilde{X}$，它关于所有闭集类可分，因此可分。

定理 2 令 X 是一个随机过程，如果存在 $\lambda(T_1)=0$ 的 $T_1 \subset T$，使得对每个 $t \in T \setminus T_1$，极限 $\lim\limits_{S\to t} X_s = X_t$ 依概率成立，那么存在一个可测并且关于闭集类可分的修正。

每一个随机过程都是可分的，从这个意义来说，可分性的概念更为一般，但是杜布基于可分性研究连续参数过程的方法大部分已经被新概念所替代。不可否认的是，杜布奠定了连续参数随机过程理论在他之后取得重大进展的基础。

7.3.5 学术交往及影响

杜布的概率与随机思想直接或间接与其他概率学家相互影响着。1938 年的文章《连续参数的随机过程》① 给出了研究连续参数随机过程的一个严格的数学框架，引入正则修正（regular version）的观点。这样的思路有助于澄清莱维书中有歧义的地方，而伊藤正是运用杜布的观点检验莱维的论证，引入刻画可微过程跳跃的泊松随机测度，真正理解莱维分解定理的意义。

20 世纪 40 年代，位势理论与概率论相结合的思想在杜布与其他数学家相

①Doob J. Stochastic processes depending on a continuous parameter. Transaction of American Mathematical Society，1937，42：107-140.

继工作中产生关联。伊藤 1944 年发表关于随机积分的第一篇论文《随机积分》(*Stochastic Integral*)，同年角谷静夫发表了关于布朗运动和调和函数的两篇简短注记。此时的杜布也在研究基于概率位势理论的鞅。40 年代中期嘉当大大改进了位势理论，后来 1950 年接着有了戴尼的经典工作，所有这些想法都是相互关联的。杜布第一次清晰地解释了什么应该是强马尔可夫性。几年后，即 1948 年，在此基础上，希勒（E. Hille）和吉田（K. Yosida）独立地给出了强连续算子的半群结构，明确了无穷小生成算子在马尔可夫过程理论中的作用①。

在杜布的学术交往活动中，我们不可忽视伊藤与杜布之间的关系。在伊藤发表随机积分的文章后，杜布意识到，伊藤对布朗运动构造的随机积分，没有完全利用布朗运动的增量的独立性。于是在他 1953 年出版《随机过程》一书中，他把布朗运动的伊藤随机积分首先推广到具有正交增量的随机过程上（在 L^2 的意义下），然后是有条件地正交增量的随机过程，即鞅。然而他所需要的是鞅 M，使得 $M_t^2-F(t)$ 还是一个鞅，其中增过程 F 是非随机的。他建立了现在著名的半鞅杜布分解定理：如果 X_n 是一个（离散时间的）半鞅，那么存在唯一的分解式：$X_n=M_n+A_n$，其中 M 是鞅，A 是具有非减轨道的随机过程，$A_0=0$，而且具备特殊的可测性，即 A_n 是 F_{n-1} 可测的。当 M 是鞅时，M^2 是半鞅，因此他需要连续时间情况下的类似的分解定理，来进一步推广他随机积分。然而，他这样推广了伊藤的等距同构关系

$$E\Big(\Big(\int_0^t H_s\mathrm{d}M_s\Big)^2\Big)=E\Big(\int_0^t H_s^2\mathrm{d}F(s)\Big)$$

其中 F 是非减的、非随机的，M^2-F 还是鞅，并且这个随机积分也是鞅②。

杜布的工作引出一个有趣的问题，如果为了把随机积分推广到一般情况下的鞅，那是否可以把杜布的分解定理推广到连续时间的半鞅？一方面，这一时期是在概率位势理论的发展背景下，它与公理化位势理论平行发展，20 世纪 50 年代后期亨特（G. A. Hunt）曾发表两篇论文③，经过大约十年才被充分理解，但在 20 世纪 60 年代末和 70 年代初，它们引起了人们对伊藤处理方式的更大兴趣，伊藤把马尔可夫过程作为随机微分方程的解，这包括了布朗运动和今天被称为的泊松随机测度。另一方面，杜布引出的问题被年轻的

①Jarrow R，Protter P. A short history of stochastic integration and mathematical finance：the early years，1880～1970. Lecture Notes-Monograph Series，2004，45：75-91.

②Doob J. Stochastic Process. New York：Wiley，1953.

③Hunt G A. Markoff processes and potentials Ⅰ，Markoff processes and potentials Ⅱ，Markoff processes and potentials Ⅲ. Illinois Journal of Mathematics，1957，1：44-93 and 1958，2：151-213.

法国数学家梅耶（P. A. Meyer）的论文[①]在 1962 年解决。梅耶也强调了概率位势理论在随机积分理论发展中的重要性。他在文章中用位势理论的语言给出了连续时间半鞅的 Doob 分解的存在性。梅耶证明，一般情况下，这个定理是错的，但是当且仅当半鞅的停时有一致可积性时，定理成立。为了纪念杜布，他称此类半鞅为“ D 类”。奥恩斯坦曾证明，存在不满足 D 类性质的半鞅，约翰逊（G. Johnson）和赫尔姆斯（L. L. Helm）很快在 1963 年利用了三维布朗运动给出一个例子。同年，Meyer 给出了杜布分解的唯一性，如今被称为 Doob-Meyer 分解定理。杜布引出的问题导向了随机积分理论的充分发展。

杜布的最初猜想——任何半鞅 X ，无论是不是 D 类，都有唯一的分解：$X_t = M_t + A_t$ ，其中，M 是局部鞅，A 是非减的、可预测过程，并且 $A_0 = 0$ 。这个猜想成立所需要的关键对象由伊藤和渡边（S. Watanabe）1965 年找到——局部鞅，这是二人在研究马尔可夫过程的可乘泛函时定义的概念。

从以上杜布与若干数学家之间的工作对比，可以肯定地说，杜布与其他数学家思想之间的相互影响是理论发展的根本所在。此外，杜布的概率思想对他的学生产生了直接影响，他指导过的学生有 17 名，他们延续、发展着导师的概率工作。

7.4　随机分析学的诞生

布朗运动（即维纳过程）既是马尔可夫过程又是鞅。这决定了布朗运动在随机分析学乃至整个随机过程理论中处于一个中心地位。下面我们将会看到，从布朗运动出发可以构造出一类扩散过程。这就是伊藤随机积分和随机微分方程。

7.4.1　伊藤

伊藤 1915 年出生在日本南部的三重县，曾在东京帝国大学学习数学。在学生时代，他就意识到那些随机现象受统计规律的支配。当时科尔莫戈罗夫尚未给概率论建立起一个好的基础，因此伊藤对该领域的现状并不满意。许多年之后，伊藤这样写道：“尽管我知道概率论是描述这些现象的科学，但我对当时关于概率论的论文或成果并不满意，因为它们没有对概率论的基本成

①Meyer P A. A decomposition theorem for supermartingales. Illinois Journal of Mathematics，1963，6：193-205.

分——随机变量，进行明确的定义。”与他同时代的人一样，伊藤创造性地理解了用一个随机变量来表示一个随机试验的测量结果。但由于缺乏正式的定义，很难使用一个模糊的概念来开展研究。像当时的大多数数学家一样，伊藤视概率论为一种不是太严格的实践。在1938年毕业之后，他进了内阁统计局，利用业余时间深入学习了科尔莫戈罗夫和莱维的成果。在内阁统计局工作的5年时间里，伊藤完成了那篇将微积分应用于随机过程的论文——“关于随机过程”，1942年发表在《日本数学期刊》上，这比他获得博士学位早了3年。1952年伊藤受聘为京都大学的教授，直到1979年退休。为表彰他大量的杰出贡献，他被选为美国和法国科学院院士，被授予荣誉博士学位，并获得了诸如沃尔夫奖、京都奖和高斯奖等大量的荣誉。2008年逝世于京都，享年93岁。

伊藤创立随机分析学的最初动机是通过布朗运动直接构造出扩散方程。布朗运动的样本函数虽然连续，但几乎所有的样本函数非有界变差，甚至处处不可微，因而无法按样本函数来定义通常的黎曼-斯蒂尔切斯（简称RS积分）或勒贝格-斯蒂尔切斯积分（简称LS积分）。一般来说，RS积分定义中的达布和不会以概率1收敛到一定的极限，但在适当的条件下，达布和的均方极限存在。伊藤正是利用这一性质定义了对布朗运动的随机积分。现简要介绍如下。设（B_t）为一维标准布朗运动。令 $\mathscr{F}_t=\sigma(B_s,\ s\leqslant t)$。设 H 为（0，T）上的一阶梯过程

$$H_t=\sum_{i=0}^{n-1}\xi_i I_{(t_i,t_{i+1}]}(t)$$

其中 $0=t_0<t_1<\cdots<t_n=T$，ξ_i 为 $\mathscr{F}_{t_i}$ 可测的平方可积随机变量。令

$$(H.B)_T=\int_0^T H_s\mathrm{d}B_s=\sum_{i=0}^{n-1}\xi_i(B_{t_{i+1}}-B_{t_i})$$

由于（B_t）为一个鞅，故易知 $E(H.B)_T=0$，且有

$$E(H.B)_T^2=\sum_{i=0}^{n-1}E[\xi_i^2](t_{i+1}-t_i)=E\left[\int_0^t H_s^2\mathrm{d}s\right]$$

现令 H 为（0，T）上一随机过程，使得限于每个（0，t），$0<t\leqslant T$，过程 H 作为（ω，t）的二元函数关于 $\mathscr{F}_t\times B((0,t])$ 可测，这样的过程称为循环可测过程。在经典的文献中也称为非超前(non-anticipating)过程。利用上式可以把上述积分推广到满足 $E\left[\int_0^T H_s^2\mathrm{d}s\right]<\infty$ 的循环可测过程 H。称这样定义的积分为伊藤积分。如果 H 是（0，∞）上的循环可测过程，使得对一切 $t\in\mathbf{R}_+$，$E\left[\int_0^t H_s^2\mathrm{d}s\right]<\infty$，则随机不定积分（$(H.B)_t$）为一个鞅（关于（$\mathscr{F}_t$）），且有

轨道连续的修正。

设（X_t）为一扩散过程，满足

$$E[X_{t+\Delta t}-X_t \mid X_t=x]=b(t,x)\Delta t+o(\Delta t)$$

及

$$E[(X_{t+\Delta t}-X_t)^2 \mid X_t=x]=a(t,x)\Delta t+o(\Delta t)$$

1948 年莱维将过程（X_t）在短时间内的增量表达为

$$X_{t+\Delta t}-X_t=b(t,X_t)\Delta t+\sqrt{a(t,X_t)}\,\xi_t\sqrt{\Delta t}+o(\Delta t)$$

其中 ξ_t 为标准正态随机变量。伊藤发现可用布朗运动的增量 $B_{t+\Delta t}-B_t$ 代替 $\xi_t\sqrt{\Delta t}$ ，然后令 $\Delta t\to 0$ 便得到了如下的"随机微分方程"

$$\mathrm{d}X_t=b(t,X_t)\mathrm{d}t+\sqrt{a(t,X_t)}\,\mathrm{d}B_t$$

以上方程可用伊藤积分改写为随机积分方程

$$X_t=X_0+\int_0^t b(s,X_s)\mathrm{d}s+\int_0^t\sqrt{a(s,X_s)}\,\mathrm{d}B_s$$

1951 年伊藤采用皮卡（Picard）逐次逼近法证明了：如果对任给 $T>0$，$b(t,x)$ 及 $\sqrt{a(t,x)}$ 在 $[0,T]\times\mathbf{R}$ 上关于 x 满足一致利普希茨（Lipschitz）条件及线性增长条件，则上述随机积分方程有唯一解，其中初值 X_0 是任意给定的与布朗运动(B_t)独立的平方可积随机变量。这样，伊藤实现了通过布朗运动构造扩散过程的设想。从此，一门崭新的概率论分支——随机分析学诞生了。

基于这一杰出贡献，伊藤荣获 1987 年度沃尔夫（Wolf）数学奖，在对他的获奖工作的评价中写道："他的随机分析可以看成随机王国中的牛顿定律，它提供了支配自然现象的偏微分方程和隐藏着的概率机制之间的直接翻译过程，其主要成分是对布朗运动函数的微分和积分运算，由此产生的理论是近代纯粹与应用概率论的基石。"从 20 世纪 70 年代起，随机分析一直是概率论的一个主流方向，发展非常迅速。这一发展势头在 21 世纪初会更加强劲，数学物理（统计力学、量子力学、例子场论等）将进一步刺激随机分析的发展，反过来，随机分析将成为数学物理的最重要的研究手段和工具之一①。

7.4.2　德布林

沃尔夫冈，曾名德布林，1915 年生于德国，1936 年作为难民而获得法国国籍。他在索邦大学获得了数学博士学位。他的父亲，阿尔弗雷德·德布林(Alfred Döblin)，是柏林的一位著名神经病学家和知名的作家，因他的表现

①21 世纪初科学发展趋势课题组 . 21 世纪初科学发展趋势 . 北京：科学出版社，1996：126.

主义小说《柏林》和《亚历山大广场》而闻名。

沃尔夫冈进入索邦大学学习数学，在弗雷歇（Maurice Fréchet）教授的指导下完成了博士论文。在这篇论文的报告中，弗雷歇这样评论道："很难在这里总结沃尔夫冈先生的海量成果……沃尔夫冈先生成果的丰富度，它们所显示出的作用，让评审人认定其应成为数学学科博士论文的代表。"当时已经发表了 8 篇论文，并在《法国科学院周报》上发布了 9 次通告。

然而令人出乎意料的是，沃尔夫冈毕业后没有进入大学工作，反而决定加入法国军队上前线作战。在最初进入前线的日子里，他有许多闲暇时间可以继续进行自己的研究，经常在随身携带的小册子中记下推导过程和自己的想法。

沃尔夫冈的小册子处理的主题是某种媒介中的一个微粒的随机运动。科尔莫戈罗夫-查普曼方程描述了一个微粒在一个特定时间间隔之后从状态 x 跳跃到状态 y 的概率，并以此为分析的起点。我们知道，为了证明描述布朗运动的科尔莫戈罗夫抛物线偏微分方程的解是存在的，需要严格的先决条件。在这里，沃尔夫冈的独创性体现了出来。沃尔夫冈在一篇文章中，成功地放松了这些先决条件，因此只需用更宽松的条件就可以证明科尔莫戈罗夫-查普曼方程的存在性。他接下来继续推导扩散和布朗运动的特征，这些成果在他逝世 20 年之后才被其他人重新发现，并且是在限制性更大的假设条件下。其中，小册子的第 34 页中的题目是"变量的转化"。在这里沃尔夫冈实际上提供了一个关于伊藤公式的范例，宣告了随机微积分的诞生。

由于前线战事的变化，为了不让自己的研究落入敌人的手中，沃尔夫冈给法国科学院寄出了一封密信，请求保留自己的研究直到一百年后才可以打开。之后，他毁掉了手中剩余的草稿，然后自杀。

当伊藤在 1989 年隆重地被选入法国科学院时，这封密信还在法国科学院的落满灰尘的地下室里，密封完好地搁置着。现在沃尔夫冈被认为是概率论的先驱之一，与科尔莫戈罗夫和莱维具有同等的地位。几十年之后，伊藤和其他人踏上这些关于随机理论的路，人们却没有意识到，这些路很早以前就被那位不为人知的法国士兵走过了。

第 8 章　概率论的发展

8.1　对随机性的认识①

数学可以分为确定性数学、随机数学、模糊数学三大类，其中随机数学已经轰轰烈烈地发展了 300 多年，期间人们对于随机性的认识不尽相同，经历了不同的阶段。对世界和自然奥秘的破译是人类不懈的追求，确定性和随机性作为矛盾的两个方面对于人们认识世界、探索自然法则是必不可少的，它们之间的深刻联系是人类对于随机性的认识螺旋上升、对随机现象的数学研究逐步深入的本质根源。

考古证据显示在早期文明中，人们就已经开始制造和使用多种多样的随机函数发生器(如骰子)、利用随机性机制作出一些严肃的决策（如分割财产、解决纠纷、做出某些抉择等）或纯粹的机会游戏。大约在公元前 3000 年左右，古河流文明地区的人们——古巴比伦人、古印度人、古埃及人就已经用黏土制成三棱柱、四棱柱和正六面体等不同形状的骰子，并使用象牙赌板、动物距骨、坚果核等各类随机函数发生器。在我国，考古发现的甲骨卜辞和数字卦显示在殷商时代(公元前—前 11 世纪)卜筮之风就已很盛行；而且我国商代除了龟卜成像、筮数成卦的卜筮活动，还有其他利用随机性的实践，例如，六博就是一种以 6 根箸和 6 个棋为赌具的、始于商而盛至汉的游戏。也许是由于原始社会生产力极为低下，原始人类在千变万化的自然现象面前，惊恐不安，从而产生了万物皆有灵的自然观，并企图找出沟通神灵的途径，从而产生了原始宗教和祭祀、占卜等活动。由一些中外古文化遗产不难看到，在这些活动中，人们有一种强烈的信仰，即结果是由神灵操纵的，而签或骰子之类的随机函数发生器则是体系神灵意愿的圣物。

随着古埃及、古巴比伦被征服，这些古国灿烂的河谷文明向西方传播并被发展成更加理性的古希腊海洋文明。古希腊的人们继续利用随机性作决策和游戏；古希腊的哲学家则开始思考“随机性究竟是客观存在的呢，还是由于我们认识能力的局限性而导致的对事情结果无法确切预知?”

---

①王丽霞，杨静．人类对于随机性认识的四个阶段．自然辩证法通讯，2006，28（3）：62-66.

古希腊人认为：自然是有序的，按完美的设计恒定地运行着。毕达哥拉斯学派认为“序”就是数，他们的世界观是“万物皆数”。毕达哥拉斯之后的哲学家们更加关注现实世界的本质和基本的数学设计。对此，古希腊人的观点大致分为两派。以路希帕司（Leuccipus，约公元前 450）和德谟克里特（Democritus，约公元前 460—前 370）为代表的原子学派坚信一切都是有原因的，或然性并不意味着没有原因而是意味着隐藏的原因。路希帕司说：“没有什么事物是随机发生的；每一事物的发生都有其原因和必然性”；其继承者德谟克里特继续坚持这个观点，认为或然性意味着对确定性原因的无知。亚里士多德（Aristotle，公元前 384—前 322）是第一个承认并尝试解释偶然的古希腊学者。他将事件分成 3 类：①必然发生的确定事件；②多数情况下要发生的可能事件；③发生与否完全随机的不可预知事件。亚里士多德认为第三类事件是世界上最脆弱的事情，是偶然引起即碰巧发生的，其原因不能确定。亚里士多德后的希腊哲学家依然对随机性保持哲学上的兴趣，并进行着长期的争论。例如，斯多葛（Stoics）派学者继承了路帕希斯的观点，认为“没有无原因的事件或自发性的行为”。而伊壁鸠鲁（Epicurus，公元前 341—前 270）学派则坚持认为不确定性是客观存在的。

到了中世纪的欧洲，宗教禁锢着人们的思想，决定论的世界观占据绝对优势，人们普遍认为万事万物不论大小都是在上帝的指引下发生的，因此这时对随机现象是不可能有进一步研究的。15 世纪末、16 世纪初，文艺复兴的意大利挣脱了中世纪严酷的宗教禁锢，经济、文化、政治一派繁荣；同时，赌博开始盛行、保险业正在兴起、彩票发行日趋普遍、社会及人口统计已达较高水平。这些游戏和行业的客观需要导致了概率论的早期探索。帕乔利（Fra Luca Pacioli，约 1445—1517）、塔塔利亚（Nicolò Tartaglia，约 1499—1557）、卡丹诺（Girolamo Cardano，1501—1576）、伽利略（Galileo Galilei，1564—1642）等率先讨论以掷骰子为代表的机遇性赌博中各种情况出现的可能性问题。

17 世纪中叶开始，人们对随机现象的研究进入了一个崭新的阶段。据文献记载，在 1646 年前后，英国哲学家托马斯·霍布斯（Thomas Hobbes，1588—1679）与伦敦德里的主教拉姆霍尔博士（Dr. Bramhall）展开了一场争论。在这场争论中，霍布斯坚持认为，所有事件都是由上帝或上帝决定的外在原因预定的；而正是对那些原因的无知，使一些人认识不到事件的必然性，因而把它们归诸于或然性。而拉姆霍尔则以掷骰子为例指出：或然性结构的物理过程一经发生便由物理规律决定因而是决定性的，但这种结构有如此之多的不确定方面以至于在发生之前是非决定性的。在这场争论后 8 年概率论诞生了，其标志是 1654 年帕斯卡和费马讨论赌博问题的 7 封通信，即著名的“帕费通信”。从此数学家们开始密切关注和深入研究这类现象。

需要指出的是，虽然这时研究随机现象的理论诞生了，但是人们，包括概率论的奠基者们似乎都普遍认为随机性其实并非客观存在，承认它不过是因为无知而不得不采取的一种权宜之计。例如，当时与牛顿名声相若的荷兰数学家惠更斯（Christian Huygens，1629—1695）在 1657 年用拉丁文发表了概率论历史上第一部正式著作《机遇的规律》（*De Ratiociniis in Ludo Aleae*）。这部著作出版后得到了学术界的重视，在欧洲作为概率论的标准教本达 50 年之久。而 1692 年苏格兰数学家和医生约翰·阿巴斯诺特在该书英译本的前言中写道：“具有这样一个决定性的力和方向的一枚骰子，不落在这样一个决定性的面上，是不可能的，只是我不知道使它落在这样一个决定性的面上的力和方向，所以我称之为或然性，那不是别的，只是技术上的需要。”又如，这一时期概率论的集大成者法国数学家拉普拉斯在《概率的哲学导论》（1814）中写道：“我们应当把宇宙的现在状态看成它先前状态的效果，随后状态的原因。假使有一位智者在任一给定时刻都洞见所有支配自然界的力和组成自然界的存在物的相对位置，假使这一智者的智慧巨大到足以使自然界的数据得到分析，他就能将宇宙最大的天体和最小的原子的运动统统纳入单一的公式之中。对这样的智者来说，没有什么是不能确定的，未来同过去一样都历历在目。”

有人认为，之所以出现这种状况，根本因为是 17 世纪牛顿经典力学的建立。牛顿力学的胜利使人们认识到自然界因果联系的客观性和普遍性，并形成了认识上的决定论和可知论，而把随机性等同于无知。在此后 200 多年的时间里，科学家们始终坚信：一切事物的变化都遵从确定的规律，即使考虑到偶然的因素，只要近似地知道了一个系统的初始条件和变化规律，就可以计算出它的近似行为；随机性并不存在，对结果的不确定仅仅是我们无知的表现。我们知道的越多，不确定就越少；倘若我们知道得足够多，至少在理论上我们就能消除所有的不确定性。正是在这样的认识论基础上，科学家以大无畏的精神探索者许多以往被认为是非常困难的科学——包括概率论，并取得了辉煌的成就。

自此之后，数学家基本上是在决定论的观点下安然地研究概率论。然而在关于误差的研究中隐藏着一股认识变异的潜流：科学家意识到测量误差是不可避免的——无论测量工具多么精确，无论操作者多么仔细，都无法从根本上消除它。世界并非可以完全确定，确实存在着无法回避的随机性——这些思想在19世纪受到关注，在20世纪被越来越多的人接受。

从数学的发展来看，数学理论的发展为随机性认识的转变提供了智力环境；数学的应用，尤其是在现代物理学上的应用，则为这种转变的实现提供了契机。

影响数学家对随机性认识的数学事件有很多，但我们认为主要是非欧几何的建立和四元数的出现使数学家们对确定性产生了决定性的动摇。19世纪20～30年代，俄国数学家罗巴切夫斯基（Nicolai Lobachevsky，1793—1856）和匈牙利数学家J·波约（Johann Bolyai，1802—1860）以及德国数学家高斯（Carl Friedrich Gauss，1777—1855）从否定平行公设出发，分别独立建立了双曲几何——一种与欧氏几何完全不同、但推理一样无懈可击的几何体系。1854年，德国数学家黎曼（Riemann，Georg Friedrich Bernhard，1826—1866）又进一步发展了罗巴切夫斯基等的思想，建立了一种更广泛的几何——黎曼几何，并使双曲几何、欧氏几何都成为了它的特例。1870年代以后，意大利数学家贝尔特拉米（E. Beltrami，1835—1899）、德国数学家克莱因（Felix Klein，1849—1925）和法国数学家庞加莱等人先后在欧氏空间中给出了非欧几何的直观模型，揭示了非欧几何的现实意义，从而使非欧几何获得了广泛的理解和接受。这不仅对人们的时空观产生了极其深远的英雄，而且极大地动摇了人们对于真理和自然法则的根深蒂固的认识，引起了人类认识史上的革命，也使得随机性在数学家心中的地位开始发生变化——既然近乎"科学圣经"的欧氏几何都不再是唯一绝对的真理，而只是若干种可能性中的一个，是一种特例、一种近似，那还有什么是绝对的和确定的呢？

1843年爱尔兰数学家哈密顿（W. R. Hamilton，1805—1865）发现了四元数，这是历史上第一次构造出的不满足乘法交换律的数系。此后，各种新的超复数像雨后春笋般涌现出来。随着数系和空间概念的一步步推广，数学家进一步认识到：在数学的王国里没有绝对真理和终极真理。

接着，数学家和物理学家心目中的确定性也动摇了。首先，麦克斯韦1859年首次将概率观点和统计方法引入到气体动力学。他认为，每个分子的运动复杂得难以用牛顿定律描述；而气体的性质是整体的性质，考虑组成气体的每个分子的运动远不如考虑其整体的运动重要，因此，应当通过整体的概率描述而不是每个分子的精确运动来理解气体。麦克斯韦的基于概率论的气体模型揭示了看待自然的新方式。

其次，对布朗运动的研究引起了科学思维方式的转变。人们发现布朗运动本质上是不可逆随机过程——一种不可约随机过程，任何非随机性的理论都不能解释它。这个结果揭示了自然新的一面：对于不可逆过程而言，随机性不能被忽视。

19 世纪 20 年代，量子力学创立了后不久，爱因斯坦与玻尔（Niels Bohr，1885—1962）和玻恩等几位主要的量子力学家在认识论的原则问题上产生了严重的意见分歧并由此引发了决定论和非决定论的大论战。论战从 1927 年在布鲁塞尔的第五届索尔维物理学会议开始，一直延续了几十年，在主角爱因斯坦和玻尔（Niels Bohr，1885—1962）谢世之后仍未罢休。爱因斯坦 1944 年 7 月给马克斯・玻恩的信中，将这场论战的焦点比喻为“上帝掷不掷骰子”。爱因斯坦属于维护“决定论”传统的一方，他认为，量子统计力学只不过是我们长期以来还不能“完整地描述事物”而采用的权宜之计。他坚信“上帝不掷骰子”，决不相信不确定度关系是客观实在。而以玻恩和玻尔为代表的量子力学家则属于拒绝“决定论”传统的一方，他们认为经典力学中遍及一切的、必然的因果规律，以及行之有效的“决定论”模式，只是近似地描述宏观物理世界“表层”的规律，是物理世界“深层”概率规律的宏观实现；这种规律和模式不适用于微观物理世界，一旦进入微观世界就必须采用非决定论模式，选择概率性、随机性等概念和统计规律。

总之，随着科学研究的深入，科学家越来越深切地认识到承认随机性不再是承认无知；概率作为一个基本概念，已不再是我们的无知造成的一种心态，而是“新理性的组成部分”，是自然法则的结果。

8.2 数学技术的推动①

通过前面的章节，我们看到级数、素数、多项式、积分、集合、公理化等确定性数学的概念和思想对概率论的发展产生了重要的影响和推动作用。在 8.1 节讨论了人们的随机性认识的发展历程，介绍了概率论诞生的社会背景，本节则从数学技术的视角，分析概率论不同的发展时期。

1494 年，意大利数学家帕乔利（Luca Pacioli，约 1445—1517）在其所著《算术、几何、比与比例集成》一书中提出，两个赌徒相约赌若干局，谁先赢 s 局就算赢。现在一个人赢了 a 局（$a<s$），另一个人赢了 b 局（$b<s$），如果赌博提前中断，该如何在两赌徒间分配赌金？这就是著名的“点数问题”。该

①杨静，徐传胜．数学技术与概率论的发展．太原理工大学学报，2006，26（1）：49-54.

问题被反复地、详细地探讨了二百年之久。1654 年左右，赌徒梅雷（A. G. C. de Mere，1610—1685）向帕斯卡请教“点数问题”，于是帕斯卡和费马开始在通信中讨论“点数问题”和“骰子问题”等问题。由于他们圆满地解决了“点数问题”，概率论自此被认为于 1654 年诞生。

帕斯卡和费马把赌博问题转变成数学问题，用数学演绎法和排列组合理论得出正确解答。这项研究为概率的数学模型——概率空间的抽象奠定了博弈基础，尽管这种总结直至 1933 年才由科尔莫戈罗夫做出。一般概率空间的概念，是对概率的直观想法的彻底公理化。从纯数学的观点看，有限概率空间似乎显得平淡无奇，但一旦引入了随机变量和数学期望时，它们就成为神奇的世界了。帕斯卡和费马的贡献便在于此。

概率论发展初期，讨论的赌博问题属于古典概型，即随机试验只有有限个基本事件，且每个基本事件的概率相等。随着无穷概念进入数学，不仅扩大了数学的应用范围，还向理论研究提出了一系列新课题，这就带来了概率论的发展，研究对象由有限样本空间扩展到无限样本空间。雅各布·伯努利在《猜度术》（1713）中给出的“伯努利大数定律”，就探讨了随着试验次数的增加，某事件出现的频率会集中在该事件的概率附近。该定律从理论上刻画了大量经验观测中呈现的稳定性，其意义在于揭示了因偶然性的作用而呈现的杂乱无章现象中的规律性。《猜度术》标志着数学概率论的肇始，并鼓舞了棣莫佛、蒲丰、泊松等学者开始研究概率论。在这一时期，概率论只是一些有趣而特殊问题的堆砌，其数学技术主要以代数、组合方法为主。

随着数学分析的蓬勃发展，微分方程、特征函数、反演公式、积分等分析工具逐步成为研究概率论的数学技术，其标志性著作是拉普拉斯于 1812 年出版的《分析概率论》。这本书开创了概率论发展的新阶段，实现了由组合技巧向分析方法的过度。概述明确地给出了概率的古典定义，独立事件的加法、乘法法则，推广了伯努利在大数定律方面的工作，导出了二项分布渐近于正态分布的中心极限定理。中心极限定理在概率论中占据很重要的地位，我们将在 8.3 节进行详细讨论。

另外，狄利克雷（P. G. L. Dirichlet，1805—1859）虽然在概率论历史上很少被提及，但是对概率论的研究体现了当时用分析方法研究概率论的特点。他对概率的兴趣源自其解析特征。对他而言，概率论首先是积分的应用，因为它有助于“最终结果的表示”，尤其是有助于处理“大量事件”，因此他把概率论放在定积分课程里进行讲授。

在数学分析的严密化和公理化思想的基础上，20 世纪 30 年代概率论终于成为了一个严格的数学分支。标志性著作是 1933 年科尔莫戈罗夫的《概率论基础》。他建立测度论基础上的概率论的公理化体系，奠定了近代概率论的基础。关于这一点，我们已经在前面讨论过，在此不再赘述。

由此可见，概率论的发展可分为三个主要阶段：①1654—1811 年，概率论研究主要以代数方法、组合方法为主，称之为“古典概率论”；②1812—1932 年，以数学分析方法为主，以特征函数、微分方程等为工具，称之为“分析概率论”；③1933 年以后，以集合论和测度论为主，概率论呈多元化发展趋势，称之为“现代概率论”。

现今概率论又作为数学技术推动了其他学科的发展。概率思想是物理学、遗传学、信息论等的重要工具，是金融学、地球科学、神经科学、人工智能和通信网络等学科的常用方法。

8.3　案例：中心极限定理的发展①

概率论极限理论是概率论的重要组成部分，是概率论的其他分支和数理统计的重要基础。大量的概率现象是无数的随机因素共同作用的结果——这些因素每一个都起到一点作用，但都没有起到很大的甚至决定性的作用，而极限定理告诉我们，这类多随机因素作用的现象必然会收敛于某个正态分布的概率模型。因此，该定理为人们用正态分布来描述和解决大量的概率问题提供了坚实的理论基础。

极限理论中的中心极限定理曾是概率论研究的中心课题。中心极限定理有很多形式。凡是关于随机变量的数目无限增多时，其和的分布函数在一定的条件下收敛于正态分布函数的任何论断，都称为中心极限定理。

“中心极限定理”这一名称的来源有两种说法。波利亚认为这个定理十分重要，在概率论中具有中心的地位，所以他加上了“中心”这一名称，于 1920 年引入这一术语。另一种说法是，现代法国概率学派认为极限定理描述了分布函数中心的情况，而不是尾部的情况。

历史上有不少数学家对中心极限定理的研究做出了贡献。中心极限定理的发展主要分为以下三个阶段。

8.3.1　创立阶段：1733～1853 年

人们通常认为，法国数学家棣莫弗在 1733 年首次证明了二项分布近似正

① 杨静，邓明立．中心极限定理的创立与发展．科学，2013，65（5）：57-59.

态分布。然而当时还没有正态分布的概念，棣莫弗并不知道自己本质上证明了“中心极限定理”。

那么，是什么促使棣莫弗研究得到这个定理呢？这要归因于1721年亚历山大·喀明（Alexander Cuming）向棣莫弗提出的一个问题：A，B二人在甲家赌博。每局A获胜的概率为p，B获胜的概率为$q=1-p$。赌N局，以X记A胜局数。约定：若$X \geqslant Np$，则A付给甲$X-Np$元；若$X < Np$，这时$N-X > Nq$，则B付给甲$(N-X)-Nq=Np-X$元。问甲所得的期望值是多少？棣莫弗在解答和推广这个问题的过程中，得出了一些相关结论。1725年，喀明把棣莫弗的结果告诉了斯特林这引起了斯特林的兴趣，并把取得的结果通知了棣莫弗。这促使棣莫弗在1733年得到了上述重要的结果。以其为发端，直到20世纪30年代初，独立随机变量和的中心极限定理的研究一直在概率论占据了中心地位。

法国数学家拉普拉斯写了很多论文，想推广棣莫弗的工作。他意识到需要一种新的数学技巧，并在1785年成功地发明了这个技巧：特征函数的简单形式和反演公式。拉普拉斯把他的两个主要研究方向结合起来得到了这个方法——母函数和积分的渐近展开。通过把母函数中的t换成e^{it}，就得到了特征函数。然而，直到1810年他才发表了特征函数与反演公式的一般理论，并证明了中心极限定理。他之所以推迟到1810年，有一种解释是从1786年开始，他就专注于《天体力学》的写作，这本书1805年才完成。1810年，拉普拉斯证明了中心极限定理，先是服从均匀分布的连续随机变量的情形，接着是服从任意分布的随机变量。拉普拉斯的证明显然对独立有界的随机变量成立，证明过程使用了现在所谓的特征函数，或傅里叶变换，Ee^{itX}，t为实数。在1812年，他先后考虑了对称的、离散的均匀分布、对称的连续分布、任意分布的情形。最后，拉普拉斯在他的名著《概率的分析理论》中对任意的p证明了如下中心极限定理

$$\lim_{n\to\infty} P\left(\frac{S_n-np}{\sqrt{np(1-p)}} \leqslant x\right)=\int_{-\infty}^{x} \frac{1}{\sqrt{2\pi}} e^{-\frac{u^2}{2}} du$$

泊松（S. D. Poisson，1781～1840）完善和推广了拉普拉斯关于中心极限定理的证明。在所有考虑的情况里，都假定随机变量是独立的。泊松证明了服从相同分布的随机变量，还推广到了服从不同分布的随机变量。1824年，泊松证明了连续随机变量的中心极限定理，并给出了三个反例，其中包括服从柯西分布的随机变量和，这时候中心极限定理不成立。受当时传统的影响，泊松没有明确阐述中心极限定理成立的条件。但是，从他的证明和例子中，

可以看到，他假设每个变量的方差都是有界的，且不等于零。

德国数学家贝塞尔（A. L. Bessel，1784～1846）和法国数学家柯西（A. L. Cauchy，1789～1857）等也在这方面做了工作。拉普拉斯等给出证明的前提是假设和的分布是有限的，因此所有的矩都存在。他们把结果推广到无限情形，但没有给出证明，并隐含假定了矩的存在。

以现在的观点来看，只要沿着拉普拉斯的方向继续下去，法国数学家们是可以给出中心极限定理的严格证明的，如柯西，他知道特征函数和稳定律。可实际情况是，当时被视为法国的领袖概率学家的贝特朗和庞加莱都没能做这些研究。虽然贝特朗和庞加莱写了许多概率计算的著述，但是两个人似乎都不知道中心极限定理。到底是什么原因造成这一奇怪的现象呢?

从当时的大环境来看，大约在 19 世纪 70 年代，概率学家还处于心理上的劣势，苦于自己的研究领域不被其他数学家视为一门数学学科，他们的同行不能理解，为什么标准的数学术语还不够，为什么古老的概念被重新命名为“随机变量”和“期望”。而且，概率书里充满了非数学的概念：骰子、赌场、甲乙等。

另外，从下面博雷尔的一段话，也可以反观那时一些概率学家具体到对中心极限定理的看法。博雷尔是继庞加莱之后法国的领袖概率学家，他曾在 1924 年和 1950 年表达了这样的观点：

通过拉普拉斯理论获得的结果，似乎对维持他们所需的分析而做出的努力没有什么意义……他们可能能证明某些定理，但是不会有什么价值，因为事实上人们无法证明假设是否满足。

可以说，法国数学家的大部分研究被同代人所忽略，直到 20 世纪才被重新发现。

8.3.2　严格证明阶段：1887～1910 年

俄国数学家切比雪夫（Chebyshev，1821～1894）攻读硕士学位期间，受到布拉斯曼（N. D. Brashman，1796～1866）的影响，对概率论产生了兴趣，后来接替布尼亚科夫斯基（V. Y. Buniakovskiĭ，1804～1889）在圣彼得大学讲授概率论。1866 年，切比雪夫发表了“论平均数”，讨论了作为大数定律极限值的平均数问题。在 1884 年他的学生马尔可夫对矩方法所涉及的切比雪夫不等式给出了证明之后，切比雪夫于 1887 年发表了《论概率论中的两个定理》，开始对随机变量和收敛到正态分布的条件，即中心极限定理进行讨论，给出了一般随机变量的切比雪夫定理。

这个定理的叙述不完全正确，而且切比雪夫用“矩法”给出的证明也是不完善，他只证明了随机变量的各阶原点矩的极限是标准正态随机变量的相应的原点矩，并未进而说明随机变量的分布函数确实以标准正态分布函数为极限。

不完善之处首先被马尔可夫注意到。马尔可夫在“关于方程 $e^{x^2}(d^n e^{-x^2}/dx^n)=0$ 的解”（1898）一文中，对切比雪夫提出的命题给出了精确的陈述与证明，文中所使用的改进后的矩方法后来被人称为“切比雪夫-马尔可夫矩方法”。

1900 年前后，马尔可夫的低班校友李雅普诺夫（A. M. Lyapunov，1857～1918）引入了特征函数来考察中心极限定理，从而避免了矩方法要求高阶矩存在的苛刻条件，并为这一定理的进一步精确化准备了条件。1901 年李雅普诺夫把马尔可夫定理的条件大为减弱，他证明了李雅普诺夫定理。这个定理要求随机变量必须是独立的，但是不必有相同的分布，还要求随机变量(加绝对值)具有某阶的矩，矩的增长速度受李雅普诺夫条件的限制。李雅普诺夫在证明中利用了特征函数。从此之后，特征函数成为了研究极限定理的强有力的工具。

多年来，马尔可夫力图在概率论中恢复矩方法的地位，最后他创造了一种“截尾术”，即在适当的区域截断随机变量使之有界，从而在不改变它们和的极限分布的前提下保证任意阶的存在。马尔可夫的创造克服了特征函数方法过分依赖独立性的弱点，开辟了通向非独立随机变量研究的道路，并为强极限理论的发展提供了有力的手段。他与李雅普诺夫关于方法论的竞争，极大地丰富了 20 世纪初概率论的内容，对这门科学的现代化产生了深远的影响。

8.3.3 新的发展：1919 年以后

在俄罗斯数学家工作的基础上，瑞典数学家林德伯格（W. Lindeberg）把李雅普诺夫条件换成了弱一些的条件，于 1922 年证明了更一般的定理，即林德伯格定理。林德伯格条件是相当一般的。如果一族随机变量序列满足李雅普诺夫条件，则它一定满足林德伯格条件。但反之不成立。

以现在的眼光来看，林德伯格的证明是简单的。但在当时对大多数概率学家而言，林德伯格的方法显得错综复杂。因为那时线性算子的概念还没有成为人们普遍接受的语言，所以林德伯格需要几页的篇幅去建立基本事实，而现在，这些可以用一句话就够了，但是论证是清楚的，简单易懂的。因此，林德伯格的研究很长时间以来置于人们的视野之外。

若随机变量序列是相互独立同分布的，第一个随机变量的期望和方差都存在，且方差不为 0，则不难验证林德伯格条件满足，从而林德伯格定理成立。1925 年法国数学家莱维首先指出的了这一点（林德伯格-莱维定理）。这个定理是林德伯格定理的推论，它表明，不管第一个随机变量的分布函数是怎样的，只要其期望和方差存在，则 n 很大时，$\frac{S_n - n\mu}{\sqrt{n}\ \sigma}$ 近似服从标准正态分布，从而 S_n 近似服从 $N(n\mu, n\sigma^2)$ 。

林德伯格条件虽然适用范围很广，似乎在林德伯格 1922 年的论文后，或者至少在莱维 1925 年的书出版后，这方面的研究可以看成完成了。然而事情并没有结束，因为所有的定理只给出了依分布收敛到高斯分布的充分条件，这些还不是中心极限定理成立的必要条件。这一时期接下来主要是寻找中心极限定理的充要条件，费勒和莱维分别在 1935 年给出了部分答案。

我们前面曾指出过，概率论在 19 世纪 70 年代不能被数学家看成一门严格的数学学科。到了 20 世纪 30 年代，这一情况并没有太多的好转。对于一些概率学家而言，概率是否可以作为一门严格的数学学科，还不是那么清楚，当然对大多数非概率学家来说更是疑惑重重。事实上，从他们的发表著作中可以清楚地看到，许多概率学家对他们的研究感到不安，除非他们的问题可以用非概率的语言重新叙述。正是这种不安使得费勒在研究中心极限定理时用的是分布函数的卷积的语言，而不是独立随机变量和，因为这种语言看起来更自然。费勒具有杰出的经典分析的背景，因此想出了极为形式化的中心极限定理。而莱维则不同，他更多的是依赖他的直觉。莱维是第一个深刻研究样本函数和序列的概率学家之一，却从未完全接受把测度论作为概率的数学基础。例如，对莱维而言，条件期望就是概率的要素之一，而不需要形式上的一般定义。因此他给出的是相当模糊但原则上却准确的定理形式，这使得人们认为他的表述含糊不清，令人费解，但是掌握后就会发现其实是深刻的，给人启发的。

此后，关于中心极限定理的研究还有两种不同的方式。一种是设 $\{X_{nk}: n \geqslant 1, k = 1, \cdots, n\}$ 是一族随机变量，对任何 $n \geqslant 2$ ，$X_{n1}, X_{n2}, \cdots, X_{nn}$ 相互独立，令 $S_n = \sum_{k=1}^{n} X_{nk}$（$n \geqslant 1$），那么在什么条件下 S_n 的极限分布是标准正态分布？另一种方式则是如何估计“误差”，即 ξ_n 的分布函数与标准正态分布函数相差多大？

此后中心极限定理从实值情形推广到了向量情形、Banach 空间和鞅等情形。通过中心极限定理的三个主要发展阶段，可以看出，每个时期都有各自不同的特点，这不仅与数学工具的发展有关，而且受到人们当时的数学观念的影响。

8.4 概率论在中国的传播①

1880年华蘅芳（1833～1902）和傅兰雅（John Fryer，1839～1928）合作翻译的《决疑数学》是由西方传入我国的第一部概率论专著。此书原著是伽罗威（Galloway）所写的“*Probability*”（载《大英百科全书》第8版）和安德森（Anderson）的“*Probability; Chances or the Theory of Averages*”（载《钱伯斯百科全书》）。

《决疑数学》共十卷，每卷分若干款，全书共160款，卷前有“总引”。“总引”即全书的绪论，介绍了概率论的基本思想和它的方法、历史及其重要意义。

第一卷是基本概念，给出了决疑数、决疑率、原事（基本事件）、相反之事（对立事件）、相关之事、不相关之事、从事（复合事件）等一批概念，并列举了一些例子和基本运算公式。在以后各卷里还有其他一些概念，如指望（期望）、指望决疑率、正态（分布）等。

第二卷介绍伯努利概型和 n 次独立试验概型，详细讨论有关的计算及它们与二项式及多项式展开的关系。

第三卷为条件概率，介绍条件概率公式和乘法公式。

第四卷主要介绍数学期望及其应用，作为例子列举了著名的“彼得堡赌法”问题。

第五卷论述全概率公式、贝叶斯公式及它们的应用。

第六卷和第七卷是概率论的应用。第六卷讨论了人寿保险的计算问题，分多种情况说明“保命票”的计算。

第七卷研究诉讼及审判问题，对证人证词的可靠性、审判者判断正误的可能性等一系列有关审案的问题进行了讨论。

第八卷主要是大数定律及相关的各种计算问题。本卷从研究二项分布的中项（即最大项）出发，借助斯特林公式和极限方法，论述了棣莫弗-拉普拉斯定理，进而对正态分布做了分析，计算了概率曲线的积分，列出了正态分

① 郭世荣．西方传入我国的第一部概率论专著——《决疑数学》，中国科技史料，1989，10(2)：90-96.

布数值表，最后建立了伯努利大数定律。

第九卷是前卷的继续，理论性较强，内容涉及母函数、特征函数、反演方法和反演公式、概率函数、方差、原点矩等，进一步研究了正态曲线、大数定律、误差分析等内容。

第十卷是对最小二乘法的专门论述，既有一般方法，又有从高斯的著作中选出的例证。

《决疑数学》在清末对我国数学界产生了一定的影响。华蘅芳和傅兰雅译出此书后，没有马上刊行，他们自己对此书没有太大的信心，因为在当时来说概率论确实是一门艰深的学科，读者能否接受这样一本书，他们是没有把握的。《决疑数学》译出十几年之后，1896年（光绪二十二年），周学熙（字辑之，1865～1947）才首次刊刻出版，终于使这部书得以和读者见面。这次刊刻，虽“印行无几，流布甚稀”，但其意义却很大。它不仅使更多的人开始接触概率知识，而且说明人们是能够接受此书的，这对译者有很大促进作用，增强了他们的信心。1897年（光绪二十三年），傅兰雅在他所创立的格致书室铅印了《决疑数学》，同年，又有上海飞鸿阁石印本问世，1909年（宣统元年），周达又在扬州校刻此书。

《决疑数学》的大量印刷和流传，对于传播概率论知识起了积极作用，它是当时人们学习和研究概率论的必读之书，也是这方面唯一的书籍。在清末和民国初年，它还被作为学校的教科书来使用，其影响和作用是可想而知的。有不少人认真研究过《决疑数学》，如周达就对概率论十分感兴趣，一直保存着叔叔周学熙所刻《决疑数学》的书版。他对斯特林公式的证明，是我国对这个公式的最早研究。

另外，华蘅芳在译此书时，采用了一批新的译名，如决疑数、决疑率、指望、母函数、极小平方法、大数、相关、排列、从事、原事等，这些译名有的一直沿用至今。